海底世界

SECRETS OF THE SEAS

A journey into the heart of the oceans

大洋深处奇妙之旅

【英】亚历克斯·马斯塔德（Alex Mustard）卡勒姆·罗伯茨（Callum Roberts）著 ／ 张濯清 译

人民邮电出版社

北京

版权声明

内 容 提 要

生命起源于大海，海洋中的谱系演化历史极其漫长。在大约40亿年间，生命经历并适应着这个星球上不断变化的自然条件，它们繁盛、衰落，周而复始。今天我们看到的生命，美丽的、活跃的、壮观的、神秘的，都是这漫长历史的产物。

大海守护着它的秘密。在几乎整个人类历史中，我们只能通过想象去臆测生活在汹涌波涛之下的生命。近年来，随着科技的发展，潜水设备和水下摄影装置将真实的海底世界展现在了我们眼前，这使我们能通过前所未有的细致观察来了解水下生命。在这神秘的世界里存在着非常多的超乎想象的动植物，很多甚至在今天仍然不为人知，难以寻觅。

本书将带你进行一次大洋深处的奇妙之旅，去感受大海的反复无常、变化多端，去体验海洋生命原本应有的恢宏壮丽、神秘莫测，去探索这千变万化的海底世界的秘密。

目　录

前 言

右页：加那利群岛的一只雄性异齿鹦鲷（Mediterranean parrotfish）（拉丁学名：*Sparisoma cretense*）。

大海守护着它的秘密，在几乎整个人类历史中，我们只能通过想象去臆测生活在这汹涌波涛之下的生命。在我们想象的世界中，那儿有神祇、仙子，有可怕的怪兽，还有无数奇怪的生灵；又或许在那冰冷、黑暗的大海深处，是无尽的空虚，很难想象那里会有生命存在。然而，就在近一个世纪以来，特别是最近50年，潜水设备和水下摄影装置第一次将真实的海底世界展现在了人类的眼前。

生命起源于大海，海洋中的谱系演化历史极其漫长。在大约40亿年间，生命经历并适应着这个星球上不断变化的自然条件，它们繁盛、衰落，周而复始。今天我们看到的生命，美丽的、活跃的、壮观的、神秘的，都是这漫长的历史的产物。

精密的摄像机能到达更远的海洋深处，这使我们能通过前所未有的细致观察来了解水下生命。本书是由摄影师亚历克斯·马斯塔德（Alex Mustard）和海洋科学家、环保主义者卡勒姆·罗伯茨（Callum Roberts）合作完成的，它将带我们领略从寒冷的北部峡湾到东南亚珊瑚三角区最具生物多样性的海洋物种，探索海洋生命的前世今生。

大海反复无常、变化多端，却似乎又始终如一、恒久不变。然而这种永恒是一种错觉，因为我们难以看到水面之下的千变万化，转瞬之间大海已不再是我们知道的大海了。大自然和人类的力量相互交织、较量，在今天人类似乎占到了上风。从海岸线到遥远的青藏高原，从海平面到马里亚纳海沟底部，海洋因为人类的影响处在不断的变化之中，海洋的变化挑战着我们对这个世界的认知。关于海洋的摄影集经常忽略或忽视真相，然而这本书却不一样，它探究的是这些改变对海洋以及海洋生物意味着什么。尽管地球上的很多地方都受到人类活动的影响，然而本书中选取的照片都拍摄于未受人类扩张、贪欲和疏失侵扰的净土，它向我们展现了海洋生命原本应有的恢宏壮丽，值得我们为之守护。

海洋生命对人类而言非常重要。我们居住在一个海洋星球，生命赖以生存的大部分空间里都有水。但是很少有人认真地思考这一点，我们大多数人、大多数时候，对于大海中有什么都一无所知，我们选择忽略我们看不到的未知事物。本书展示了大海中各种生命的适应性、物种之间的相互依存，从肉眼难辨的微小生物到庞然巨兽，每一种生命都是一幅壮丽的图景。从创世之初，大海就定义了这个世界。大海的居民充满活力、适应性极强，它们在自己的世界中以无限奇妙的方式应对着人类带来的变化，展现了它们的坚忍和耐力。希望这本书能帮助那些热爱海洋的人们继续感受海洋的魅力、收获海洋的启发、享受海洋的滋养。

无可估量的财富

    在两大洋交汇的地方，无数的细流在温暖的海水中交织、汇合，冲刷激荡着周围的27 000多座岛屿。这里有世界上最大的群岛，在400万平方千米的热带浅海中，跳动着生命的脉搏、迸发着蓬勃的生机。印度尼西亚、菲律宾、马来西亚、巴布亚新几内亚和所罗门群岛就在这片海域中，这里还有比世界上其他任何海域都要多的生物种类。这里是海洋生物多样性的中心地带。尽管这块区域只占世界海洋面积的1.5%，但是它拥有世界上1/3的珊瑚礁，因此被称为"珊瑚三角区"。有2 500种鱼类生活在这里，还有超过600种造礁珊瑚，占全球造礁珊瑚种类总数的3/4。这片海域色彩鲜亮，其丰富性和多样性无与伦比。

左图：菲律宾苏禄海图巴塔哈群礁中，一大群六带鲹（Predatory jack）。今天，没有人类从事捕捞活动的珊瑚礁已经极为罕见，然而海洋保护区的划定使图巴塔哈群礁几乎保持着与世隔绝的原始状态。在这样的地方，有一种奇怪的现象，就是掠食者往往比猎物更多。而非洲大草原上的情况则恰恰相反，狮子的数量不可能比羚羊的数量还要多。珊瑚礁能够维持掠食者的庞大数量，是因为这里猎物的种群极其丰富，且其种群数量会以极快的速度成倍增长。

右图：珊瑚礁中的鱼类之怪异完全超出你的想象，就像右图这种印度尼西亚的埃氏吻鲉（Paddle–flap scorpionfish）（拉丁学名：*Rhinopias eschmeyeri*），外形古怪、色彩浓艳，这也正是电影导演和动画设计师们对珊瑚礁情有独钟的原因。

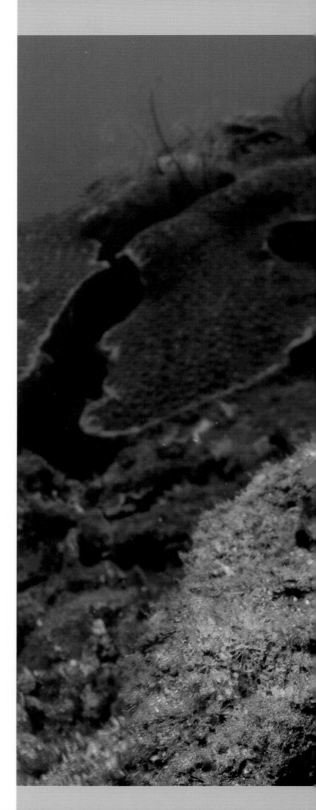

是什么赋予了珊瑚三角区如此丰富的生命呢？19世纪，阿尔弗雷德·罗素·华莱士（Alfred Russell Wallace）正是在这些岛屿上灵光一现，萌生了生物是通过自然选择来进化的想法。在一个个与世隔绝的岛屿上，相同的物种走上了不同的进化道路，这是自然选择带来的种群差异，就如同上帝用同样的黏土创造出了不同的生命。华莱士和他同时代的查尔斯·达尔文（Charles Darwin）一样，也为此深深震撼。尽管华莱士的大部分时间都是在丛林中度过的，但他也很清楚海洋中的生物多样性，因为即便只是在海滩上散个步，可能也会发现100种不同的海洋贝类。隔绝状态下的进化是珊瑚三角区海洋物种极其丰富的关键原因之一。

200多万年来，因为冰川作用，世界不断地在结冰和融化之间循环。在每一次冰川周期的高峰，海平面会下降多达130米。岛屿之间出现了大陆桥，珊瑚三角区被分割成数个独立的水域。数万年间，下降的海平面将原本相同的物种隔离，它们在相互隔绝的环境中走上了不同的进化道路。当海平面再次上升的时候，这些物种又聚到了一起，可能有些生物曾经是同一个物种。大海的起起落落使珊瑚三角区的生物不断进化，在漫长的时间长河中演化出数百个全新的物种。

左图：珊瑚礁中最引人注目的是游弋其中的使人晕头转向的鱼群。位于印度尼西亚的拉贾安帕群岛中的鱼群种类最为丰富。鱼类观察者即使花上数月的时间也很难清楚地列出那儿到底有多少种鱼类。左图是一群游弋在珊瑚礁周围的银黄色黄笛鲷（Bigeye snapper）（拉丁学名：*Lutjanus lutjanus*），它们周围一大群像暴风雪似的长着黑白条纹的小鱼是白带锦鳗鳚（Convict blenny）（拉丁学名：*Pholidichthys leucotaenia*）的幼鱼。这些幼鱼生活在成年白带锦鳗鳚挖出的海底洞穴里，这种洞穴有的长达6米，有时候一个洞穴里会有超过1 000只幼鱼。这是一种在珊瑚礁中很少能见到的鱼类，因为它们在幼年阶段一直在它们父母严密的保护之下，基本上不会在开放的水域游动。

下图：很少有动物直接以硬珊瑚为食，硬珊瑚坚硬的石质骨骼使大多数觅食者都敬而远之。下图是一群生活在马来西亚西巴丹岛海域的隆头鹦哥鱼（Bumphead parrotfish）（拉丁学名：*Bolbometopon muricatum*），每只都有1米多长，它们游弋在松散排列的珊瑚礁海域中，用它们鸟喙般的嘴啃食分支珊瑚的枝丫，在珊瑚丛林中前进。然而，这样的景象越来越罕见，因为当它们成群地在环礁湖浅水区休憩的时候，经常在晚上被渔民用鱼叉捕获。

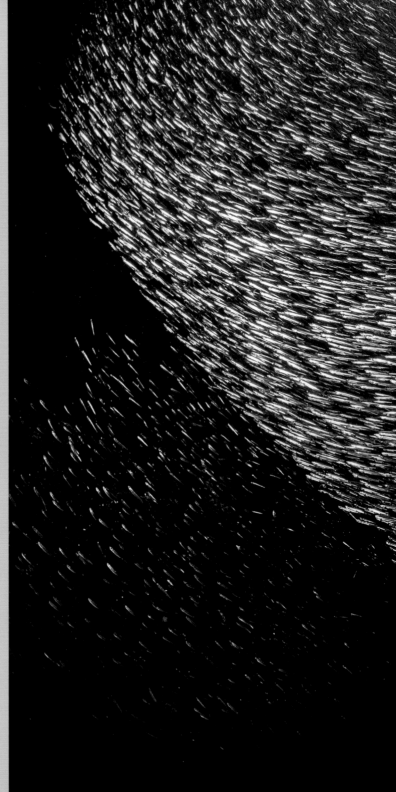

上图：珊瑚礁通过"嘴墙"，这是它周围以浮游生物为食的鱼群，从外海获得营养物质。这种鱼常年生活在一种紧张的状态中，为了能最先获得食物，它们总想比其他鱼类离珊瑚礁更远，但又害怕自己离得太远反而成了在珊瑚礁外围海域活动的掠食性鱼类的美餐。

右图：被一大群觅食的马拉巴若鲹（Malabar jack）（拉丁学名：*Carangoides malabaricus*）和卡瓦卡瓦金枪鱼（Kawakawa tuna）（拉丁学名：*Euthynnus affinis*）驱赶到壁礁附近的巨型银汉鱼（Silverside）（拉丁学名：*Atherinidae*）球形鱼群。

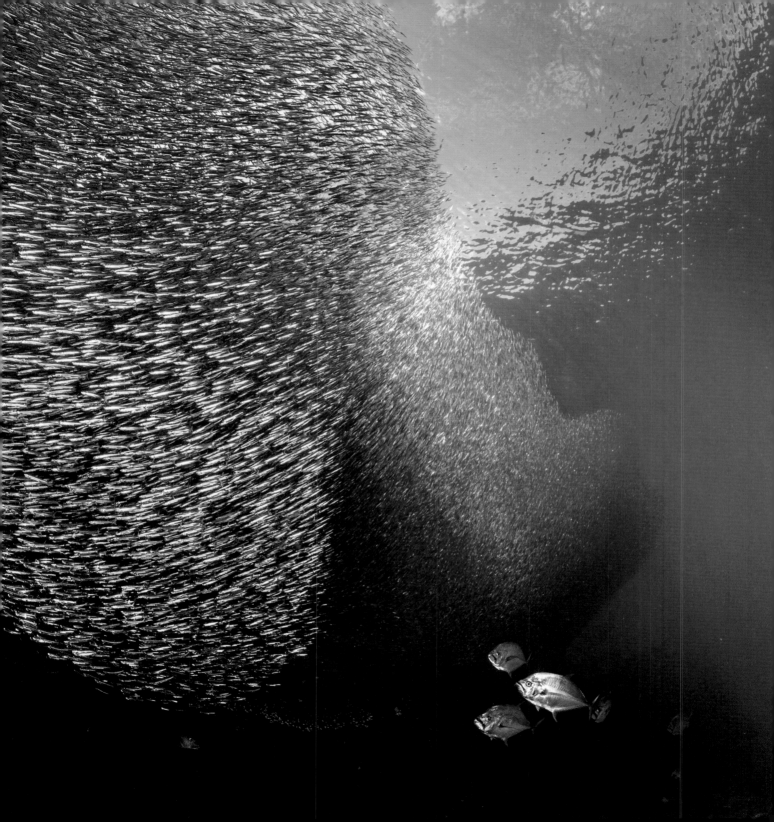

珊瑚三角区物种的丰富复杂，其第二个原因在于这里有热带面积最大的浅海栖息地，这一点既明显，往往又容易被忽略。有时候生物学家们会很羡慕物理学家，因为他们能将宇宙运行的规律简练地归纳成几条定律。而生物的世界千头万绪、杂乱无章，生物们痛恨、抵制同一化的解释。不过，如果生物界真的有定律存在，那最基本的定律就是：栖息地范围越大，生物种类越多。珊瑚三角区拥有各类广阔的栖息地，因而有更多的生物能在这里繁衍生息。也正是因为地域的广阔使其能够承载更大的种群数量，这里灭绝的物种远比那些大洋中的孤岛要少得多。

珊瑚三角区的生物多样性也得益于其独特的地理位置，它位于两大洋的边缘，印度洋和太平洋在这里交汇。海水将两大洋中遥远的岛屿上的物种带到这里，汇聚到一起，又奇妙地融合起来。如果你能畅游在这片海域，你一定会被这里的生物多样性所震撼，它们就像是一组俄罗斯套娃，你越从近处看，看到的生物就越微小，但是它们每一个的构造和装饰都是那么的细致、精巧，和上一个又完全不同。因为生存的挑战，这些生物都在进化过程中把自己完美地武装起来。

右上图是一只侧带花鮨（Squarespot anthias）（拉丁学名：*Pseudanthias pleurotaenia*），上图是一只静拟花鮨（Purple anthias）（拉丁学名：*Pseudanthias tuka*），右下图是一只截尾花鮨（Stocky anthias）（拉丁学名：*Pseudanthias hypseleosoma*）。这3只雄性花鮨，其华丽的外表是为了维系它们的后宫，在雌鱼产卵季它们每天都和雌性花鮨交配。

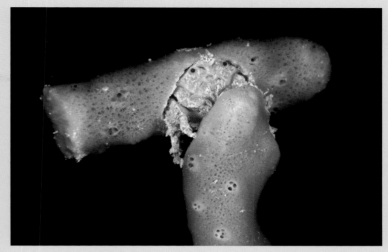

左图：珊瑚礁的外形是由建造它们的石珊瑚决定的。珊瑚用一种古老的细胞魔法，在水中变幻出岩石，建造出结构复杂、美轮美奂的珊瑚礁。左图是苏拉威西岛布雅湾的一大群小热带鱼，其中大部分是月腋光鳃鱼（拉丁学名：Chromis atripectoralis），它们在一大丛鹿角珊瑚中觅食浮游生物。正如森林能比草原维系更多种类的生物一样，珊瑚孕育出的复杂建筑结构使珊瑚礁能够承载它们周围极其丰富的生命。

上图：在螃蟹的时尚界中，这种迷人的浅灰蓝色海绵帽子是本季的流行趋势。其实这种拟绵蟹（Sponge crab）（拉丁学名：Dromia dormia）是绑架了一截海绵，把它像帽子一样戴着，这样能使自己不引人注目，就不容易被捕食了。很少有物种会吃海绵，因为海绵中有很多化学毒素以及硅质透明针状物。

右图：内格罗斯岛海域中一只斑胡椒鲷（Harlequin sweetlips）（拉丁学名：*Plectorhinchus chaetodonoides*）幼鱼正在跳滑稽的摇摆舞。它似乎觉得一只扮成小丑的鱼就应该这样摇头摆尾，它还像在斜睨着你看你对它表演的反应。这种舞蹈可能是自卫用的，因为如果你将手指接近这种鱼，它们会跳得更快。当它们长成成鱼时，身上这种褐底白斑的花纹会变成白底黑点，它们也就不再跳这种舞了。

这是一个奇幻的世界，足球大小的石头覆盖着海藻（Seaweed），亮蓝色的海绵（Sponge），紫色的海底扇（Seafan），摇曳多姿的草地，转瞬之间这些都变成了鱼。在这个充满着伪装与反伪装、有着近乎完美隐藏场所的地方，生命和非生命的结合令人困惑。然而，这里还有一些生物风格完全不同，它们用花里胡哨的颜色、夸张的行为或是怪异的外形张扬自己。但是无论是怎样的荒诞、怪异，它们每一个都是成功的典范，因为它们在危机四伏的大海中成功地生存了下来。

上图：一种生物怎么能隐藏得如此完美？上图这只条纹躄鱼（Hairy frogfish）（拉丁学名：*Antennarius striatus*）很容易被误认为是一块满是海绵和水螅虫的岩石。甚至于从近处仔细观察，也分辨不出它的鳍、眼睛和嘴在哪儿，很难分辨这究竟是不是鱼。这正是大自然的鬼斧神工。

右页：这种红色鞭珊瑚（Whip coral）（拉丁学名：*Ctenocella* sp.）像剧院里的幕布一样色彩饱满，如天鹅绒一般，其中一只黄身宽齿雀鲷（Golden damselfish）（拉丁学名：*Amblyglyphidodon aureus*）恍如犹抱琵琶半遮面的佳人，迟迟不肯登场。

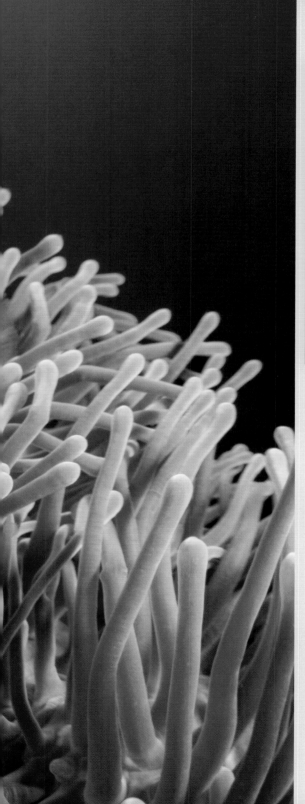

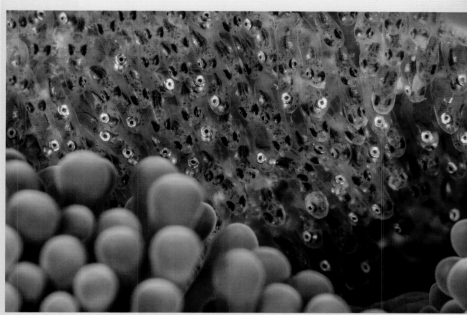

左图：这种颈环双锯鱼（Pink skunk clownfish）（拉丁学名：*Amphiprion perideraion*）是一种先雄后雌、雌雄同体的鱼类。每一个海葵宿主之中只会有一只雌性颈环双锯鱼，而且它是这个海葵中最大的鱼，另一只有生殖能力的雄性颈环双锯鱼会稍小一些，而这个海葵中其他的鱼都是更小的没有生殖能力的雄鱼。雌鱼会尽可能地使产卵数量最大化。

上图：在菲律宾海域中，这些小丑鱼的卵在海葵带刺的触手中安全地发育成长。如果没有保护，这些鱼卵转眼就会成为目光敏锐的捕食者们的美餐。这些卵很快就要孵化出来了，几百只眼睛从透明的卵泡中望向这个世界。一旦孵化出来，幼鱼会游离这片珊瑚礁和浮游生物一起在外海漂流几周，直到长到大概小指甲的大小，它们会游到另一片珊瑚礁，寻找自己居住的海葵。

　　大海中的生命如此丰富，我们不禁会想：这么多的奇迹是怎样产生的？为什么会有20种不同的以浮游生物为食的雀鲷（Damselfish）？为什么螃蟹就有500种之多？卡勒姆曾经在一次演讲结束后就被一个听众问道："鲸鱼存在的目的是什么？"人们总是不禁从人类自私的角度看待这个世界，似乎物种的存在就是为了服务于人类。这样的思维又产生了各种类似的问题，比如："我们究竟需要多少物种，有哪些是无足轻重、可以牺牲的？哪些是最有价值的？""一只金枪鱼是不是比一只鼹蟹（Mole crab）更有价值？因为我们吃金枪鱼而不会吃鼹蟹。""一只神仙鱼（Angelfish）是不是比一只鳚鱼（Blenny）更值钱？因为它的大小、外观更适合观赏。""真的需要400种珊瑚来造礁吗？"

右图：被一群掠食性的橘点若鲹（Orange-spotted jack）（拉丁学名：*Carangoides bajad*）追到险象环生的珊瑚礁附近的跃卡颏银汉鱼（Slender silverside）（拉丁学名：*Chirostoma attenuatum*），一只白线光腭鲈（Slender grouper）（拉丁学名：*Anyperodon leucogrammicus*）出现在珊瑚丛中，伺机而动，它的尾部蜷起，准备一跃而上。这种抓住捕捉机会的能力也是在进化中磨炼出来的。

左页：一处珊瑚礁中的生物种类似乎没有上限，然而在印度尼西亚的拉贾安帕特群岛似乎达到了巅峰。珊瑚三角区是地球上生物多样性的中心地带，而拉贾安帕特群岛又是这个中心正中生物多样性最为丰富的区域。世界上没有其他什么地方有如此之多的生物种类，而且幸运的是，因为与世隔绝，这里的珊瑚礁仍然精致、完整、未被破坏。如今这里已经被划定为海洋自然保护区，希望通过努力能让这里的自然生态永远不被破坏。

上图：3只康氏躄鱼（Commerson's frogfish）（拉丁学名：*Antennarius commersoni*）停在一处垂直的礁壁附近，其中两只完美地和旁边一个蓝色桶状海绵融为一体，这种掩护既起到防御作用，又是其捕猎的一种方式，它们静静地在那儿蹲守，一动不动，就像是真正的海绵，静待毫无戒备的猎物靠近。这种场景可能并不浪漫，但是最有可能的是后面两只小一点的雄鱼正在向近处稍大的雌鱼献殷勤，它可是个美人儿。

在人类日益占统治地位的世界中，这些问题具有阴险的含义。如果我们失去这些物种，铲平珊瑚礁或是砍倒森林，对人类发展意味着什么？如此之多的物种，谁能论据充分地证明我们不能没有哪种生物？这是一条走向贫瘠的不归路，这意味着这个世界美好和神奇的沦丧。的确，我们无法衡量一只海蛞蝓（Sea slug）或是一只对虾（Prawn）的价值。你能给这些生物为人类带来的欢乐和喜悦定价吗？就像蒙娜丽莎、埃及的金字塔或是科罗拉多大峡谷，这些都是无价的。它们值得被爱、被保护，值得我们以及我们的子孙后代珍视。

上图：印度尼西亚马鲁古海一只只有1厘米长的帝王虾（Emperor shrimp）（拉丁学名：*Periclimenes imperator*）趴在一只比它要大得多的舌尾海牛（T-bar nudibranch）（拉丁学名：*Ceratosoma trilobatum*）背上。这种虾把这种海蛞蝓当作移动的取食平台，从它背部的黏液团甚至是排泄物中获取食物。这种海蛞蝓是有毒的，因此捕食者不会吃它，这也保护了这种虾骑士。

右页：每一年，在珊瑚礁中都会有数百种新物种被发现。右图中这对漂亮的海蛞蝓很小，每一只还没有指甲盖大，这是在巴厘岛的西拉雅湾拍到的。它们以带刺的水螅虫为食。这些水螅虫的刺扎在海蛞蝓的舌头上，那感觉是不是就像我们吃辣椒？

自然是什么？

　　世界瞬息万变，祖辈的故事和我们自身对现实的感受有所不同，我们对此已是习以为常。有时老故事中的有些地方和我们自己的感官证据南辕北辙，这使我们很难相信那是真的。北大西洋就是这样的地方。对于今天居住在北大西洋诸国的人们而言，他们自认为自己很了解这里。记忆中是大海的味道、海藻的气味和冰凉的海水，耳边是砂砾的碰撞声以及海风吹过海岸时波涛的低鸣。

左图： 冰岛索尔斯港聚集在一起产卵的几千只大西洋鳕鱼（Atlantic cod）（拉丁学名：*Gadus morhua*）。在从波罗的海到科德角的北大西洋海域，这样的场景曾经非常常见。1 000年来，这里都是盛产鳕鱼的渔场。然而，20世纪90年代由于工业捕捞，加拿大的鳕鱼几乎销声匿迹；因为海水温度的上升，欧洲的鳕鱼数量也急剧减少。但是，在北方的冰岛、挪威和格陵兰岛，因为良好的捕捞管理和适宜的生存环境，它们依然苗壮成长、生机盎然。这张照片拍摄于渔汛期中两周的间歇期，这种捕鱼间歇期的安排是为了让鳕鱼能在产卵期不受打扰。

北大西洋是原始力量和非凡生产力的聚集之地。冬季的风暴和洋流将海床和海面上的营养物质搅到一起，在即将到来的春天滋养了大量浮游生物。这些浮游生物又给贝类、鱼类以及海洋哺乳动物提供了食物。这些生物大多数隐匿在海洋中，偶尔在海鸟的喧闹声和磅礴大雨中才露真容。五颜六色的船只将大海的累累硕果运到港口，人们卸下一箱箱扇贝（Scallop）、螃蟹（Crab）、对虾（Prawn）以及被拖网带上来的各色底层鱼类，有扁平的，有圆滚滚的，还有带刺的，有长相狰狞的，也有慈眉善目的。一切似乎化为永恒、自然，人类的世界和海洋的世界和谐地交织在一起。

上图：大西洋狼鱼（Atlantic wolffish）（拉丁学名：*Anarhichas lupus*）的下颌上长满了带钩的透明钉状牙齿，这使它们能够完美地咬住与嚼碎海胆、贝类和其他软体动物。它们通常藏身于石缝和洞穴中，但是洞穴或石缝周围的贝类残渣总会暴露它们的行踪。

右页：冰岛海域一只栖身于崎岖火山裂缝中的大西洋狼鱼。这种生物可以长达1.5米，大的能有人的大腿粗细。它们曾经遍布北大西洋海域，然而由于在19世纪和20世纪人类广泛使用拖网渔船，它们的数量大幅度减少。它们雪白的鱼肉被人当成鳕鱼很好的替代品，它们坚韧的、花纹丰富的鱼皮被制成各类皮带、手包。

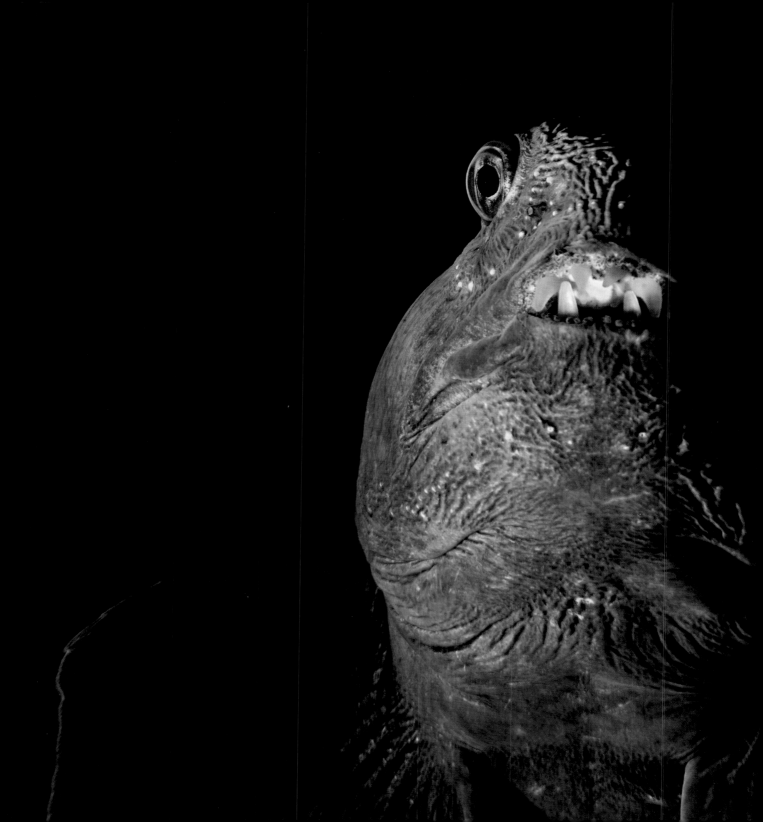

　　然而，今天的场景和一个世纪以前，甚至是50年以前相比大相径庭。我们熟悉的大西洋的面貌更多地取决于我们怎样对待它，而不是按照自然的进程无拘无束地前行。在今天，很多曾经统治这个世界的物种已经边缘化，它们被那些更适应人类活动的物种所取代。美味的狼鱼（Wolffish），健壮的海鳗（Conger eel），天使鲨（Angel shark），大青鲨（Blue Shark），成群结队的白斑角鲨（Spiny dogfish），像鱼雷一样滑溜、迅捷的蓝鳍金枪鱼（Bluefin tuna），巨型大比目鱼（Halibut），餐桌那么大的鳐鱼（Skate），成群结队的鳕鱼（Cod），所有这些都曾在这片水域繁衍生息。它们通常生活在容易到达、距离海岸较近的水域。一份1834年英国霍丽岛的有关北海夜间捕捞情况的报告很好地说明了从前这些鱼类的数量和大小。

右图：苏格兰西北部，科尔岛附近水域的涨潮使得岩石周围长出一片海藻森林，像灰海豹（Grey seal）（拉丁学名：*Halichoerus grypus*）这类动物经常光顾这片海藻林中的空地。

下图：巨藻的生长速度十分惊人，在北方海域春天到来的时候，它们每天可以生长几十厘米，很快就能生成一片迷宫似的生物栖息地，像这种裸鳃亚目的四线海蛞蝓（拉丁学名：*Polycera quadrilineata*），还有其他几百种生物栖息其中。秋天，这些巨型华盖在风暴中支离破碎，然而在遥远的北大西洋地区，农民们正在收集这些巨藻碎片，作为饲料和肥料，这是大自然的馈赠。

"【到达现场】……鱼线被小心地抛向一侧，一旦这根线快用完了，立刻接上另一根线，直到所有4根鱼线都没入水中。光是放线就得1小时左右……随后我们直接回到第一次放线的地方……杀戮开始了。首先拉上来的是无法计数的黑线鳕（Haddock）；之后，仔细看向那个'巨大的深渊'中的一个大块头，无法形容的外观，就快接近海面了（这次很快就能看到真容了）……最终映入眼帘的是一只巨大的鳐鱼（Skate）。我们继续拉线，陆续又钓上鳕鱼、角鲨、海星，还有一些比目鱼……另一根线上的鱼钩有这根上的4倍大，有几只大的黑线鳕咬钩。我们又重复了之前的做法，只是这一次这根线上钓上的也都是大鱼。我们钓到了一只巨大的大比目鱼，几乎将船都占满了。我们今晚的工作总计捕到200只黑线鳕、39只鳕鱼、4只鳐鱼、一只大比目鱼和许多角鲨。"

上图：在英吉利海峡捕食的大青鲨（Blue shark）（拉丁学名：*Prionace glauca*）。这种身材细长的生物是外海中典型的捕食者，它们喜食聚集在一起的沙丁鱼（Sardine）和鲱鱼（Herring）鱼群。鲨鱼鳍作为珍贵的食材被用来烹制鱼翅汤。现在大青鲨仍然是最常见的一种大型鲨鱼，是在大西洋捕捞的鲨鱼中最常见的品种，而其他很多种类的鲨鱼已经很少见了。

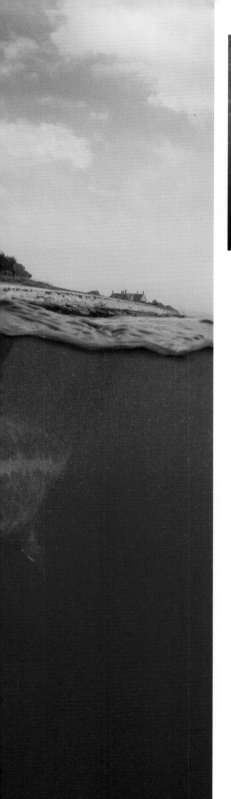

　　海底也不一样了。19世纪早期关于海底的描写是这样的：从透明的海水中望去，海底就像是无数无脊椎动物（Invertebrate）编织的无边无际的垫子，牡蛎以及各色海蛞蝓和鱼类闪烁着宝石般的光芒。今天，北欧的沙滩上散落的牡蛎壳，有些有马蹄大小。这些时光的幽灵无声地诉说着今非昔比的境况，它们曾经数以10亿计，然而现在却几乎销声匿迹。

　　今天，北大西洋生物的数量和大小都在减少和缩小。过去的巨型生物为了适应生存，都进化出了更小的身体，比如鲂鱼（Gurnard）和杜父鱼（Sculpin），海鲂（John dory）和鲽鱼（Plaice），以及对虾（Prawn）和蛤蜊（Clam）。厚重的海底拖网像在田里犁地一样将海底一扫而空，无数地表植物和动物消失殆尽。远景中的海底只是一片浮沙和砾石。然而，当你从近处去看，这里仍然美丽夺目，这个世界仍然充满了人类影响的印记，丝毫不亚于自然的雕琢。

左图：从圣迈克尔山俯瞰英吉利海峡，这里的海水中有着肉眼很难看到的丰富的浮游生物，一只姥鲨（Basking shark）（拉丁学名：*Cetorhinus maximus*）正游荡在汹涌的海水中。

上图：苏格兰，内赫布里底群岛，科尔岛的浅礁区，一只姥鲨从一大团浮游生物中游过，这群浮游生物主要是由一种微小的甲壳类桡足动物飞马哲水蚤（拉丁学名：*Calanus finmarchicus*）组成的。姥鲨可以长到12米长、4吨重，是海洋中第二大的鱼类。因为身躯巨大，像姥鲨、鲸鲨（Whale shark）、蝠鲼（Manta ray）这类大型鱼类需氧量很大，它们觅食浮游生物时不仅可以获取食物，还可以通过大量海水从它们鳃部通过，获得足够多的氧气。

北大西洋在大多数人眼中是愤怒暴躁、桀骜不驯的，自然中交织着野性。那些致力于保护自然的人们也是如此认为。然而，要将这种已经改变了的状态视为自然，意味着我们要迫使这些在减少和消失的生物离乡背井，而不是帮助它们再次繁盛。本章展示的正是这些生物过往的辉煌。然而，所有被征服的生物今天仍然活着，兴盛于某个偏远之处，那里或是因偏远或崎岖、或是因好运或积极保护，没有遭受过度捕捞的荼毒。本章的这些照片正是拍摄于这些地方的，向我们展示了北大西洋曾经的面貌以及将来可能会再现的面貌。

左页：大西洋蓝鳍金枪鱼（Bluefin tuna）（拉丁学名：*Thunnus thynnus*）是大西洋顶级猎手中最有意思的一种，它们通常迅速冲入一大群猎物中，追得猎物四散逃窜。它们曾经一度追赶巨型鲱鱼群，经过英吉利海峡和苏格兰北部海域进入北海和波罗的海。这种蓝鳍金枪鱼的一切都那么与众不同，它们单只的质量超过700千克，身长达2.5米，有公麋鹿（Bull moose）那么大，体表光滑、肌肉发达，游泳时速超过60千米/小时，可以潜入1 000米深的海下。它们也是世界上最昂贵的鱼类，在日本一只蓝鳍金枪鱼可以卖到几十万美元。然而，巨大的经济价值，也使得蓝鳍金枪鱼的数量急剧减少，由于密集地捕捞，在北海和波罗的海已经看不见蓝鳍金枪鱼的身影了，其总量减少了70%~80%。

上图：如果有什么鱼类可以定义这个世界，作为这个世界的一部分，那一定是大西洋鳕鱼（Atlantic cod）（拉丁学名：*Gadus morhua*）。它们生活在大西洋，这张图是在冰岛海域拍摄到的。大西洋鳕鱼生长速度很快，身形巨大（可以长到1.5米），食物范围很广（曾经在鳕鱼的胃里发现过鸭子），而且繁殖力旺盛。一只大的雌性大西洋鳕鱼一个产卵期可以产下超过500万颗卵。19世纪法国作家大仲马（Alexandre Dumas）曾写过，如果每颗鱼卵都能顺利孵化，每只小鱼都能长大，用不了几年，鳕鱼就能把海洋填满，人类就能足不沾水地踩着鳕鱼背横渡大西洋了。

身姿矫健地穿梭在浮游生物丰富的绿色海域中的一只姥鲨（Basking shark）（拉丁学名：*Cetorhinus maximus*）。夏季这种巨大的生物在欧洲海岸附近聚集，以浮游生物为食。因为它们有浮到水面晒太阳的习性，所以也曾被称为"太阳鱼（Sunfish）"。但是到了秋天，它们就消失了，人们一度认为这些鱼冬天是在海底的海床上睡觉。然而今天卫星定位发现，它们并没有消失，只是会长途迁徙，有时候会跨越整个大西洋，而且它们会花儿个月的时间在水面下几百米深的地方觅食。

右图：加那利群岛一只游曳在妖娆的水草丛中的雌性长吻海马（Long-snouted seahorse）（拉丁学名：*Hippo-campus guttulatus*）。它们的生活宁静、精致，从容不迫。

左图：挪威峡湾的浅礁区一只保卫着一窝鱼卵的雄性圆鳍鱼（Lumpfish）（拉丁学名：*Cyclopterus lumpus*）。这种鱼也被叫作吸盘圆鳍鱼，因为它能用胸部一个由腹鳍进化而来的吸盘把自己牢牢地吸在岩石上，这样即使海浪再汹涌，也不能把它卷走。

左下图：荷兰格雷弗林根附近海域的一只欧洲龙虾（European lobster）（拉丁学名：*Homarus gammarus*），在夜幕中令人惊艳。龙虾和其他一些无脊椎动物，比如明虾、螃蟹、扇贝之类，它们在被渔业改造的海洋中生活得很好，因为像鳐鱼、魟鱼（Ray）以及鳕鱼这些它们的天敌的减少，大大降低了它们被捕食的风险。

右下图：一只岩锦鳚（Butterfish）（拉丁学名：*Pholis gunnellus*）一动不动，好像有人在给它画像似的。这种鱼身形细长，有点像鳗鱼，但它们并不是鳗鱼，而是一种锦鳚科（Gunnels）鱼类。它们可以忍受潮间带的极端环境，在退潮的时候隐藏在水草或岩石下的水坑里。

右页：一张罕见的苏格兰海域欧洲鲻（Common dragonet）（拉丁学名：*Callionymus lyra*）交配的照片。这种鱼通常生活在海床上，但是这张照片中大点儿的雄鱼将雌鱼稳稳当当地背在背鳍上。为了吸引异性，雄鱼之间竞争激烈，而且过程艰辛。在普利茅斯进行的一项研究表明，欧洲鲻的雄鱼一生只交配一次，一般在它3岁、4岁或者5岁的时候，之后它就会慢慢衰弱，直至死亡。

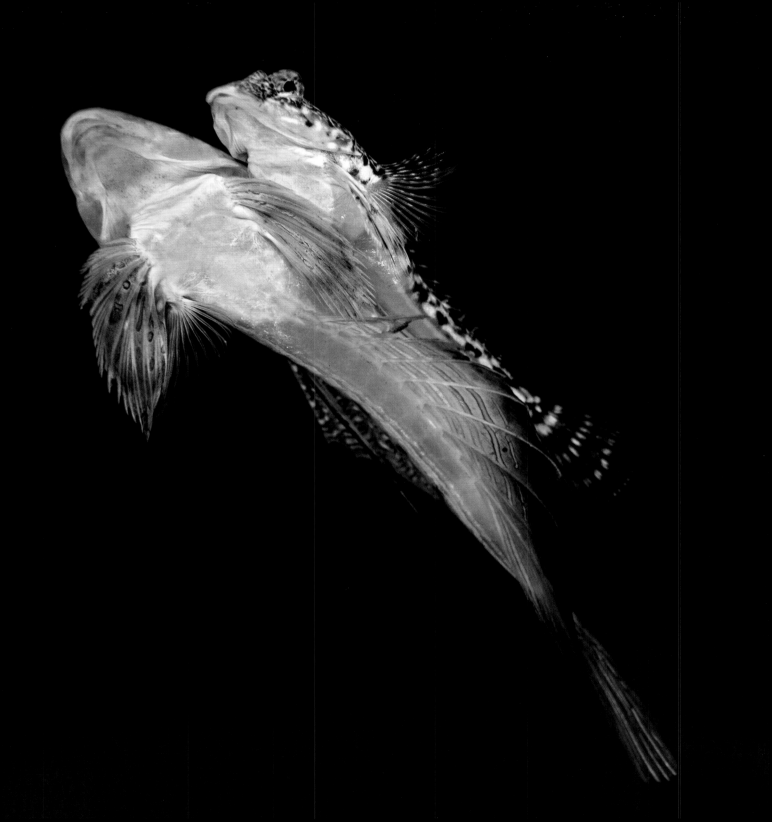

在过去200年渔业发展和海洋开发的历程中，我们在不知不觉中改造了北大西洋中的生命。今天，这里的生命更加顽强、适应能力更强。无论是因为我们，还是无视我们，它们都繁荣兴盛、生机勃勃。然而，人类和自然的天平在不断摇摆，我们需要扶正它，只有这样，照片中那些脆弱、濒危的物种才能恢复生机。要实现这一切，自然需要休养生息，需要永久的避难所，远离那些拖网、鱼钩和渔网。这并不是过分的要求，也并不是指要放弃渔业，而是通过少捕一些鱼，重建海洋鱼类保有量，使我们能在更小的区域以更低的成本捕获更多的鱼类。这才是真正的人类和自然和谐相处之道。

右图：英格兰海域两只雄性乌贼（Common cuttlefish）（拉丁学名：*Sepia officinalis*）在求偶期争夺一只雌性乌贼（最左）。尽管从照片上看不出来，中间的那只雄性乌贼展现出了它的分裂性格，它一边用自己侧腹的虎纹向它左侧的另一只雄性乌贼示威，一边向那只雌性乌贼展现吸引异性的斑斓色彩。乌贼能够瞬间变色，它们的皮肤就像闪耀的灯光秀似的不断变换颜色。这种非凡的能力源自它们皮肤中色素细胞的袋状结构，其中有3种颜色，这3种颜色又通过银色色素进一步调节。这些色素细胞可以扩展显示颜色，或是瞬间收缩，形成一波又一波的颜色夸张的图案，或是根据环境需要完美地伪装。

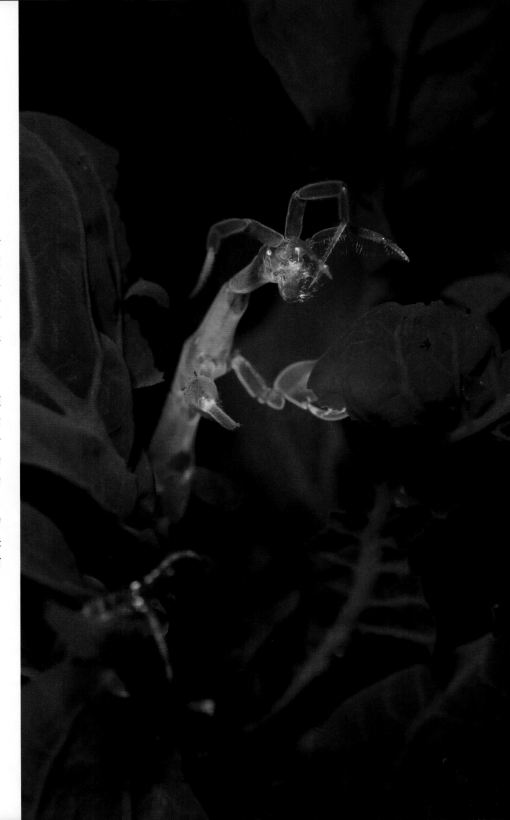

上页：几万只带刺蜘蛛蟹（Spiny spider crab）（拉丁学名：*Maja squinado*）聚集在英国的伯顿布拉德斯托克褪壳、交配。温带海域一年中环境变化很大，一旦条件合适，就会出现这种壮观的季节性现象。交配之后，蜘蛛蟹就会四散开来，独居在岩石、海藻和沙石之间。

右图：在海藻的华盖之下，还生活着灌木般的海草、珊瑚以及一些无脊椎动物。这些微小的生物生活的地方一片黑暗，神秘而危险，隐藏着最可怕的怪兽，像右图这只生活在冰岛海域的骷髅虾（Skeleton shrimp）（拉丁学名：*Caprella linearis*）。然而，不要被它的外表所迷惑，因为这种骷髅虾实际上是以海底淤泥为生的，它用自己巨大的前肢从淤泥中寻找、筛选食物。

左图：与一只栖息在水手珊瑚（Dead man's fingers）（拉丁学名：*Alcyonium digitatum*）领地的北方对虾（Northern prawn）（拉丁学名：*Pandalus montagui*）四目相对。

运动中的完美

    在空旷湛蓝的外海中，视野可及的边际光影嶙峋，一个阴影在移动。毫无特点的世界混淆了一切感知，远处的影子有点像鲨鱼、有点像蓝灰色的牛，又像迷雾中的人影。突然，它迅速游近，在接近观察者的最后一刻顺时针转了一圈，大胆谨慎地望着水下世界这个奇怪的人形生物。之后，一个响尾，其转身如离弦之箭般迅速游走，再次消失在一望无际的蓝色之中，徒留下观察者激动地战栗、敬畏和恐惧。

左图：一只远洋白鳍鲨（Oceanic whitetip shark）（拉丁学名：*Carcharihinus longimanus*）遨游在席卷天地的蓝色虚空中。很难想象生命存在于没有物理参照物的空间中的场景，这是一个更多地被虚无而非现实存在定义的地方，就像翱翔在广阔天际的猛禽，它需要的是在虚空中的速度和力量。

下图：巴哈马群岛海域是世界上最有可能见到虎鲨（Tiger shark）（拉丁学名：*Galeocerdo cuvier*）的地方。下图中人类和虎鲨近距离正面遭遇，虎鲨对人类的敌意反而减少了，这也表明虎鲨并不是盲目的杀手，它是一个谨慎的猎手。

右页：姥鲨（Basking shark）（拉丁学名：*Cetorhinus maximus*）张大的嘴巴呈菱形。这一片水域浮游生物丰富，可以看见它们像灰尘似的悬浮在水中。这只姥鲨张大嘴巴，吸入大量浮游生物，一反常态地在捕食者靠近的时候没有飞快逃离。

鲨鱼似乎在远古就已存在。很久以前，人类想要抓住它们几乎是不可能的，进化使鲨鱼变得近乎完美。可辨认出鲨鱼的鱼类化石出现在4亿年前。像今天的鲨鱼一样，它们的皮肤上覆盖着一层齿状突起，或是细小的盾鳞。这些齿状突起可以减小阻力，使鲨鱼能够用更少的能量游得更快。它们还有分开的尾巴、鱼雷形的身体以及像水上滑艇似的背鳍。当然，鲨鱼还有锋利的牙齿。早期的鲨鱼身材较小，但是进化很快将它们升级成了可以捕杀大型猎物的掠食者。虽然经历了地质时代和频繁的造山运动，但是鲨鱼始终坚持不变的基本原则，即沿着同一个主题进化。它们经历了数次生物大灭绝，当海洋变得酸性更强、更富氧，它们也存活了下来。它们生活在海面以下几百米食物丰富的水域，但是海面之下3 000米左右是一个屏障，它们的生理机能不允许它们突破这个屏障。

下图：这只大白鲨（Great white shark）（拉丁学名：*Carcharodon carcharias*）露齿一笑，就像迪士尼动画片中的形象。然而，如果你是一只正在努力使自己的游泳技术更加精进的小海豹，看到这个笑容，可一点儿也不会觉得好笑。

下图：要是从这个角度看到一只正在接近你的鲨鱼，那可不太妙。这只远洋白鳍鲨（Oceanic whitetip shark）（拉丁学名：*Carcharhinus longimanus*）直线游向亚历克斯。其他很多鲨鱼看到新奇的事物会围着转圈，研究一番，然后才会靠近近距离观察。然而远洋白鳍鲨和它们不同，它会直接冲向你，探究这个出现在它单调的世界中的异物究竟是什么。它经常会研究一番，有时挺吓人的，它还会撞一下，然而才离去。

在2.3亿至2亿年前，鲨鱼进化出了一个全新的谱系，它们放弃了在外海的生活。魟科最终演化出数百种鱼类，遍布浅海海域。3 000万年前，以浮游生物为食的蝠鲼（Devil ray）又从海底返回了外海，大约1 000万年之后，蝠鲼科又分出了蝠魟（Manta ray）。

是从什么时候开始，鲨鱼成为人类想象中挥之不去的阴影的？在这个世界中，我们是初来乍到的访客，而鲨鱼则是完美的掠食者。它们悄无声息地迅速接近猎物，被它们锁定的猎物通常还没有看清它们，就被猎杀，它们几乎从未失手。很久以前，人类就开始接受海洋的馈赠。回溯到15万年前，那时候我们的祖先会在退潮时在海岸边收集一些海产品。当这些庞然大物在大海中捕猎的时候，我们的祖先站在悬崖上应该看见过它们背鳍表面交错的纹路，也看见过它们捕食鱼群时在大海中搅动出的泡沫。在东帝汶的一个人类洞穴里曾经发现过鲨鱼和金枪鱼的骨头，这表明在43 000年前，猎人已经变成了猎物。

左页：尽管没有任何遮盖，这只叶须鲨（Tassled wobbegong）（拉丁学名：*Eucrossorhinus dasypogon*）和它身下的碟状珊瑚仍完美地融为了一体。

下图：有些鲨鱼一生中的大部分时间都是在海底一动不动，等待猎物靠近它。这只在印度尼西亚西巴布亚岛海域的叶须鲨就是这类埋伏着的猎手。像所有鲨鱼和虹鱼一样，叶须鲨也有电敏孔，尤其是在它的面部和嘴巴周围，这些小孔能帮助它在一定范围内侦测接近它的猎物。它向后弯曲的牙齿能确保进入嘴巴的猎物只有去它胃中这一条路。

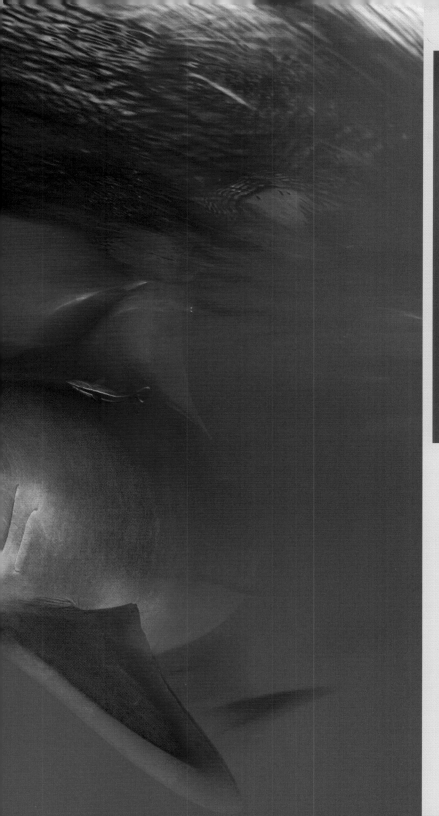

左图：黄昏时刻，一只虎鲨（Tiger shark）（拉丁学名：*Galeocerdo cuvier*）打破了小巴哈马浅滩的平静。虎鲨曾经是最常见的大型鲨鱼，而且最令人恐惧，就像陆地上的老虎一样。然而，由于人类的侵扰，目前虎鲨的数量正逐渐减少。虽然没有全球范围的虎鲨种群数量的统计，但是无论在哪儿捕捞上来的鲨鱼中，虎鲨的数量都在减少。

上图：大白鲨（Great white shark）（拉丁学名：*Carcharodon carcharias*）和前面提到的鲨鱼很不一样。它们身形修长、像光滑的鱼雷，身体和尾巴之间的连接逐渐变窄，变得粗壮。它们尾部的肌肉强壮，不是平板状，而是分向两边。

进化可能创造了一种伟大的幸存者——鲨鱼，然而它们并不是为渔业捕捞而存在的。在亚洲，鲨鱼鳍中凝胶状粉丝一样的结构被当成珍肴，饭桌上有鱼翅汤成为权贵富有的象征。很难计算出每年有多少鲨鱼被屠杀，很多鲨鱼只是被砍下鱼鳍，而它们的身体又被扔回大海。依据最好的估计，每年鲨鱼的死亡数量大约有1亿只。近30年来，包括远洋白鳍鲨（Oceanic whitetip）在内的很多种鲨鱼的数量已经大幅度减少。远洋白鳍鲨曾经是海洋中数量最多的大型动物，然而现在在大多数海域，其数量已经减少为原来的1/1 000。现如今，只有在巴哈马群岛和红海的偏远海域这两个地方才有可能看到这种鲨鱼。曾经数量众多的鲨鱼已经大量减少，渔民们又转而寻找其他的目标，鳐鱼、蝠鲼又开始危险了。

上图：你可能会认为海洋中最大的鱼类一定是最有名的，然而鲸鲨（Whale shark）（拉丁学名：*Rhincodon typus*）作为海洋中最大的鱼类对于人类而言却仍然神秘莫测。我们在墨西哥坎昆附近海域看到的鲸鲨一般都是鲸鲨中的青少年，有5~6米长。而成年鲸鲨可以长到12~15米，并且大多数时候都远离海岸。装在这些鲨鱼身上的位置和深度标签显示它们会迁徙到数千千米外食物丰富的海域，也可能潜入水下1 000米的浮游生物密集水域。然而，潜入水下很深的地方，浮上水面补充热量和氧气的时间间隔就很长，因为深水中的温度很低，而且氧气含量也少。

下图：正游经东太平洋瓜达卢佩岛海域的两只灰白色雄性大白鲨（Great white shark）（拉丁学名：*Carcharodon carcharias*）。科学家们在远处的那只身上安装了可以传送数据的追踪器。被追踪的鲨鱼季节性迁徙跨越太平洋的中途会经过一个被称为"白鲨咖啡馆（White Shark Café）"的神秘地点。它们会在那儿逗留一段时间，反复潜入寒冷的深水，又浮上水面取暖。没有人能确定它们在这儿是捕食还是繁殖，抑或是两者皆有。然而，它们的潜在猎物之一大眼金枪鱼（Bigeye tuna）（拉丁学名：*Thunnus obesus*）也会在同一时间聚集在这片海域，因此它们很有可能是在这里捕食。一些在夏威夷"度假"的鲨鱼也会在往返途中经过这儿。

左图：黎明时分，美洲虹鱼（Southern stingray）（拉丁学名：*Dasyatis americana*）如阴影般经过加勒比海海域。人们经常误以为沙质海床会比较平坦、没有起伏。其实，水流运动在海底会形成山脊，像虹鱼这类大型动物觅食时挖出的沟槽，也增加了海底的复杂性，同时给生活在这些开阔栖息地的其他生物提供了遮蔽物。欧洲海域曾经有很多很像这些虹鱼的巨型鳐鱼，然而由于人类的密集捕捞，现在已经找不到这些鱼的踪迹了。

鲨鱼曾在海洋中的顶级掠食者中占据统治地位。后来，鲨鱼的逐渐消失，造成了生态平衡面临前所未有的困境，直到此时我们才理解鲨鱼作为顶级掠食者角色的重要性。在美国大西洋沿岸，大型鲨鱼的大量减少摧毁了当地的海湾扇贝捕捞业，因为没有了天敌鲨鱼，以扇贝为食的牛鼻鲼（Cownose ray）的数量爆发式增长。

　　随着鲨鱼数量的减少，人们对鲨鱼的态度也在改变。20世纪70年代的电影《大白鲨》（Jaws）利用了人类害怕被鲨鱼吃掉的原始恐惧，使人类对鲨鱼的惧怕达到了顶点。然而今天，比起恐惧，鲨鱼更值得人们赞美和尊重。最近，就在距离《大白鲨》拍摄地不远的科德角发生的一起事件正说明了这种态度的转变：海滩上的游客和海岸警备队拯救了一只搁浅的大白鲨，他们一起将这只大白鲨送回了大海。

下图：无沟双髻鲨（Great hammerhead shark）（拉丁学名：*Sphyrna mokarran*）是大型掠食性鲨鱼的一种，像图中这种雌性无沟双髻鲨有的最长能达到6米，它们结实的胸部能有一个成年男性手臂完全伸展开的宽度。强壮的渔民们（他们一般都是男性！）已经和这种无沟双髻鲨斗争了很多年，尤其是在佛罗里达海岸附近，渔民们主要捕捞的是长途迁徙到这里生产的怀孕的雌性无沟双髻鲨。然而有争议的是，尽管今天美国东海岸的鲨鱼数量已经急剧减少，但是这种捕捞活动却仍在继续。

右图：鱼眼镜头中的鲸鲨（Whale shark）（拉丁学名：*Rhincodon typus*）。这只鲸鲨可能有20多吨重。这张照片中至少有4只鲸鲨，它们是被墨西哥加勒比海沿岸丰富的浮游生物吸引到这里的。它们身上的斑点是识别它们的关键，科学家们使用一种用于识别夜晚星空中的星星的方法识别计算机软件，根据鲨鱼背上独特的斑点分布来识别某一只鲸鲨。

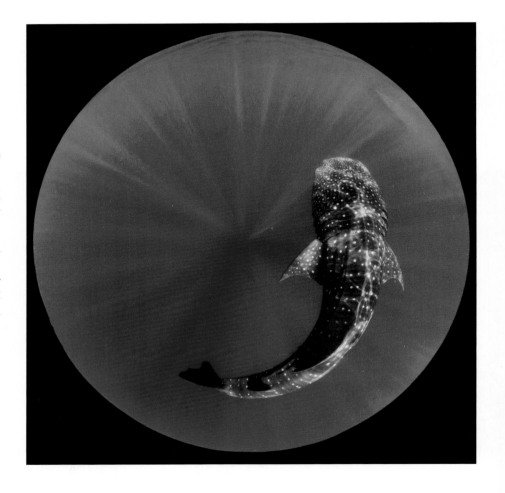

右页：大青鲨（Blue shark）（拉丁学名：*Prionace glauca*）是海洋中的流浪者，它们从一个地方迁徙到另一个地方，去寻找食物，比如鲭鱼（Mackerel）和鲱鱼（Herring）鱼群。这些鱼类过去经常聚集在康沃尔郡沿海附近的英吉利海峡海域。在过去的几个世纪中，当大群沙丁鱼在近海产卵时，人们经常能在这里看到大青鲨的身影。然而，人类过度捕捞沙丁鱼使得大青鲨的食物越来越少，它们只能去寻找其他的食物。也许这张照片最令人吃惊的地方在于，拍摄这张照片时的海水温度达到了20℃。随着海洋的变暖以及气候变化，全球几千种生物开始北移和南移，其中也包括大青鲨的食物鲭鱼。

右图：乌云增加了这只雌性美洲魟鱼（Southern stingray）（拉丁学名：*Dasyatis americana*）带来的恐怖氛围，然而只要不激怒它，它是无害的。17世纪发现美洲切萨皮克湾詹姆斯敦的殖民者之一约翰·史密斯船长（Captain John Smith），曾经用他的剑刺伤过这种鱼，不过他很快就后悔了，因为他自己也被这种鱼的毒刺刺伤。疼痛过后，他给自己在这里选好了墓地，不过幸运的是，这块墓地没有用上，因为他在几天之后康复了。

下图：前口蝠鲼（Giant manta ray）（拉丁学名：*Manta birostris*）的翼展可达到7米，是蝠鲼中最大一种。这只蝠鲼吸住了一只短鮣（Remora）（拉丁学名：*Remora remora*）。长久以来，这种巨大的海洋生物一直没有受到人类的侵扰，它们无忧无虑地生活着，尽管在20世纪早期，在美国东海岸有一项渔业运动项目，勇敢的猎人们比赛用鱼叉去捕捉这种鱼。然而今天，它们因为自己的鳃耙（gill raker）而被捕杀。对于它们而言，鳃耙只是从海水中过滤出浮游生物作为食物的器官，但在亚洲传统医学中，鳃耙有药用价值。然而，前口蝠鲼非常不适宜被捕捞，因为它们没有很强的繁殖能力，一次只能生育一个后代。前口蝠鲼现在已被列入《濒危野生动植物种国际贸易公约》（*Convention on International Trade in Endangered*）的保护名录。

今天，人们不远千里去潜水，希望能够见到鲨鱼，甚至想看到曾经令人类十分恐惧的虎鲨（Tiger shark）和大白鲨（Great white shark）。人类着迷于鲨鱼的优雅、神秘，它们畅游在平静的水流中，如翱翔天际的猎鹰一般，不费吹灰之力就能保持平稳；几乎察觉不到鳍的摆动，它们就能迅速俯冲。在帕劳，一只活鲨鱼的价值是一只死鲨鱼的1 000倍，这是因为其对旅游产业的价值。然而，对鲨鱼的重新评估是否能逆转鲨鱼的命运现在还不得而知。但是可以肯定的是，像帕劳和巴哈马这些国家正在积极地保护鲨鱼，这些国家的海域是"鲨鱼禁猎区"，在加利福利亚也开始禁止售卖鱼翅。尽管这些努力还不足以对抗威胁，但是从历史上看，这是有希望的。在20世纪六七十年代，海龟（Sea turtle）也曾经被过度捕杀，面临相同的困境，然而随着人们观念的逐渐转变，海龟汤和龟壳已不再盛行。今天，大部分种类的海龟大多数都走上了复兴之路。

上页：数百年来，锤头鲨［本图是一只无沟双髻鲨（Great hammerhead shark）（拉丁学名：*Sphyrna mokarran*）］一直使我们困惑。它们奇怪的头部形状、眼睛长在平板状的头部两侧都令人费解。这种奇怪的生理结构的功能是什么？理论比比皆是，比如认为这是为了分开设置电敏孔以获得立体感觉。然而，人们又发现了另一种用途。一只在巴哈马浅滩捕猎虹鱼的无沟双髻鲨，它用自己扁平的头部将这只虹鱼钉在海床上，然后把它推到海底，从一侧咬上一口。然后它又不断重复这个过程，使得这只虹鱼丧失了抵抗能力，大约半小时后，它才开始真正享用这只虹鱼。

左图：一群大西洋魔鬼鱼（Atlantic devil ray）［又叫下口蝠鲼（拉丁学名：*Mobula hypostoma*）］列队游弋在墨西哥坎昆海岸附近。魔鬼鱼并不是恶魔，其因为自己的头鳍而得名。魔鬼鱼在捕捉猎物时，它们的头鳍像漏斗似的伸入猎物的嘴里，而在不使用的时候，头鳍卷起，像角一样。魔鬼鱼就像前口蝠鲼一样曾经被认为没什么价值，但是今天它们因为自己的鳃耙是一味中药而被人类捕猎。然而，因为这种鱼一次只能产下一个后代，捕猎意味着会导致其数量的急速减少，所以一场保护蝠鲼的运动正在进行。

加勒比海大开曼岛环礁湖浅滩的水槽中一只斑点鹰虹（Spotted eagle ray）［又称纳氏鹞鲼（拉丁学名：*Aetobatis narinari*）］正在泥沙中翻找猎物。这种虹鱼会用它们铲状的吻从泥沙中翻出蛤蜊、海胆或其他贝类，然后它们用扁平的牙齿咬碎这些贝类。有一些小鱼，甚至是鸬鹚（Cormorant）经常会和这种鱼出现在一起，一旦有食物从泥沙里翻出，它们会立刻抢过来。

变迁

　　"大海的边缘是一处奇特而美丽的地方。"1955年，美国环保主义者和生物学家雷切尔·卡森（Rachel Carson）写道。那里是演化变迁之地：从水中到陆地，从咸水到淡水，从浮力下的失重到重力下的强大拉力。有些生物在漫长的演化之旅中跨越了这个分界线，而其他一些生物或是生活在分界线上，或是演化成了不同世界中截然不同的生命。本章正是对这种变迁的赞颂。

左图：大西洋海鹦（Atlantic puffin）（拉丁学名：*Fratercula arctica*）大部分时间都生活在海上，它们是水下游泳健将，可以潜到水下捕捉小鱼。它们在水中用翅膀的力量游泳，动作相当机械，它们通过急速拍打翅膀来转变方向。它们游过的路径上会留下一串从羽毛中压出的气泡。交配后，大西洋海鹦会短暂地失去飞行能力，离群索居在海上漂浮一段时间，因为它们在这段时间里会褪去它们的初级飞羽。

在遥远的3.7亿年前，总鳍鱼［（Lobe-finned fish），可能有点像今天的腔棘鱼（Coelacanth）］生活在大海的边缘。几十万年来，它们不断尝试着涉足池塘以及三角洲和河口地带的小溪，有时也会越过沙洲、浅滩。历经亿万年，各种生物适应了海洋边缘地带的生活，它们越来越多的时间里生活在水面之上，直到有一天，一种类鱼生命出现，但它只能生活在陆地上，第一种陆生脊椎动物（Terrestrial vertebrate）诞生了。经过几百万年，这次进化的后代繁荣起来，分化成各种不同的类别，包括恐龙。然而生命从不固步自封，当海洋再次召唤它们的时候，已经征服陆地的生命又一次回归了。

上图：西印度海牛（West indian manatee）（拉丁学名：*Trichechus manatus*）分布在广阔的加勒比海地区，三三两两地在浅滩中以水草为食。在佛罗里达，当冬季的寒风吹过墨西哥湾的时候，海牛会顺着淡水水流游到内陆小溪的源头，待在不低于20℃的水中。它们一开始到达淡水中的时候，身上覆盖着一层在海水中长出的厚厚的藻类，不过很快，这些藻类就被淡水中的鱼类清扫一空。

下图：第一批欧洲探险家发现新大陆的时候，那里的西印度海牛的数量远比今天要多得多，数以千计的海牛成群结队。海牛肉被认为很好吃，它为来自莫斯基托海岸美洲原住居民中的海盗提供了充足的食物。这张照片中的海牛在佛罗里达的水晶河中，依靠它们的脂肪储备，度过漫长寒冷的冬季。尽管在严密的保护措施下，现在海牛的数量已经有了缓慢的增长，但是它们仍然面临着被渔船碰撞，或是因为污染导致的赤潮的风险。

大约2.2亿年前，第一批海龟进化完成，它们从淡水迁入了海洋。蛇类是最晚出现的爬行动物，它们大约出现在1.35亿年前，在这之后的某个时期，蛇类移居到了海洋。大约1亿年前，被称为海鸟的鸟类也登场了。哺乳动物出现得比较早，大约是在2.05亿年前，但是它们迁徙到海洋的时间则比较晚。历史上至少有7次独立的迁徙事件：鲸鱼（Whale）和海豚（Dolphin）、海牛（Sea cow）、海豹（Seal）和海狮（Sealion）、海獭（Sea otter）、北极熊（Polar bear）和两种现在已经灭绝了的动物——水生树懒（Aquatic sloth）和食草索齿兽（Herbivorous desmostylian）。海牛和鲸鱼是在大约5 000万年前迁入海洋的，而海豹和海狮则是在大约3 000万年前迁入海洋的。

右图：马来西亚沙巴州海域一只绿蠵龟（Green turtle）刚刚在海面换了口气，在水中游经两只蝙蝠鱼。绿蠵龟曾是海龟汤的主要原料，这道风靡一时的菜品使用的并不是海龟肉，而是海龟壳下面一层黄色凝胶状的脂肪物质。海龟汤曾是美国总统晚宴上的佳肴，也是温斯顿·丘吉尔（Winston Churchill）的最爱。但是，也正是因为这道风靡一时的海龟汤，导致了野生海龟数量的急剧减少。在20世纪60年代，人类对海龟的保护使得这道菜不再盛行，这也给今天类似的人类态度的改变带来了希望，希望鱼翅汤能不再出现在菜单上，希望能拯救危在旦夕的鲨鱼。

左页：一只巨大的雄性玳瑁（Hawksbill turtle）（拉丁学名：*Eretmochelys imbricata*）像在飞翔。游泳与飞翔的要求大不相同，这是因为空气和水的密度存在着巨大差异。海龟的鳍状肢在水中摆动就像鸟的翅膀在空中扇动一样，能推动它前进。

左图：菲律宾阿波岛海域一条灰蓝扁尾海蛇（Banded sea krait）（拉丁学名：*Laticauda colubrina*）在海面呼吸后又潜回海底的暗礁。这种海蛇喜欢在海底礁石的缝隙深处捕食鳗鱼，它们的毒液能使鳗鱼迅速不能动弹，不过亚历克斯也看见过它们捕食很多其他鱼类。一旦成功捕食，它们会回到陆地消化它们的猎物，以免在水下被这些巨大的猎物拖累，反使自己成了其他掠食者的盘中餐。

右页：加利福尼亚州洛杉矶附近一个钻塔下，一只布氏鸬鹚（Brandt's cormorant）［又称加州鸬鹚（拉丁学名：*Phalacrocorax penicillatus*）］正在猎食，它正冲向一群太平洋白腹鲭鱼（Pacific chub mackerel）（拉丁学名：*Scomber japonicus*）。

尽管经历了漫长的进化过程，但海洋脊椎动物（Marine vertebrate）仍然以某种方式被陆地所束缚。可能是因为很难进化出鳃，所以所有海洋脊椎动物都必须浮出水面来呼吸（或者也可能是因为在空气中更易获得更多的氧气，所以进化过程中它们的肺一直保留着）。像海龟、海蛇和鸟类这类动物因为下蛋的需要，也仍然被陆地所束缚。而海蛇、海牛和鸟类仍然需要从河流和小溪中获得饮用的淡水。然而，陆地已经被其他一些来自大海的生物所占领，比如螃蟹，但是它们与陆地的联系恰好和这些海洋脊椎动物相反。椰子蟹以及一些其他的寄居蟹成年之后就已经完全生活在陆地上了，但是它们必须返回大海去产卵，与海洋蟹类经历同样的浮游之旅。

上图：当鱼群被掠食性鱼类驱赶到海面附近的时候，像燕鸥这类海鸟会从水面掠过，抓起水面附近的小鱼；而像布氏鸬鹚这类海鸟，有着宽阔的脚蹼，能冲进水面下很深的地方。它们通常会在海豹、鲨鱼和金枪鱼附近惊慌的鱼群中出现、捕猎。鸬鹚非常敏捷，亚历克斯就曾看见过一只鸬鹚突然冲过去偷走了一只海豹一直在追逐的鱼。令人吃惊的是，较大的掠食者们，即使它们很容易就能抓住鸬鹚，却对鸬鹚视而不见，似乎对它们而言，鱼类才是更好的美食。

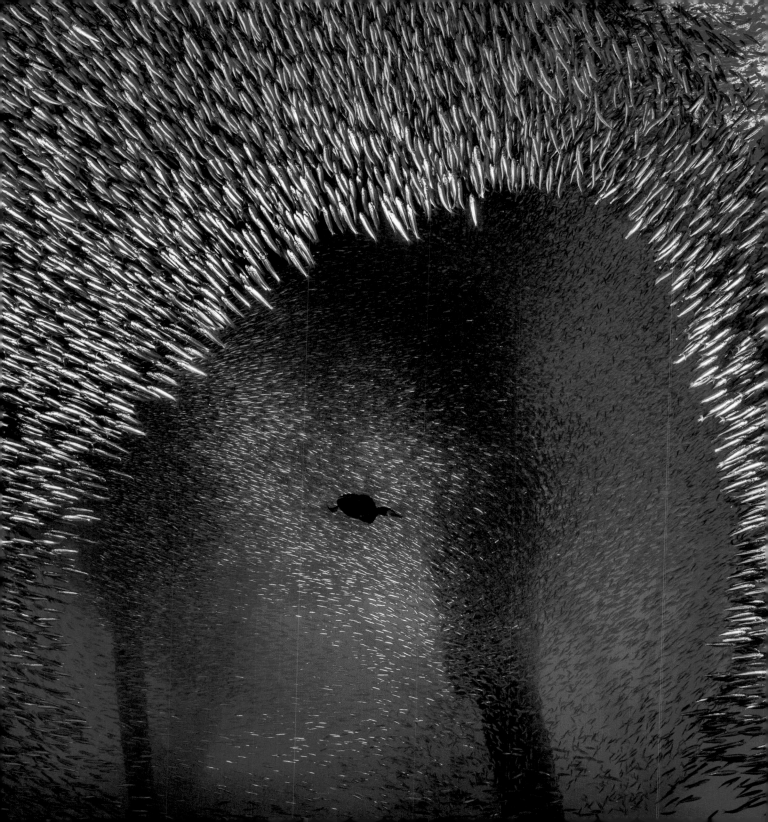

大约4.5亿年前，已经落户大海的藻类完成了第一次从海洋到陆地的飞跃。大约1亿年前，海草（Seagrasses）和红树林（Mangrove trees）占据了大海的边缘地带，但是它们只能生活在有光照和沉积物可以生长、扎根的浅滩。大海中没有自由漂浮的花朵，只有海草和单细胞的浮游植物（Phytoplankton）。

　　当鱼类从淡水来到大海，它们有些会发生生理性的变色，这样既能适应淡水，又能适应咸水。成年鲑鱼（Salmon）是生活在大海中的，但是它们必须洄游到河水和溪流中产卵。水体盐分的变化需要鲑鱼的身体进行复杂的调节，而这种调节是在河口的微咸的水域中进行的。而淡水鳗鱼（Freshwater eel）正相反，它们成年之后是生活在河水和溪流中的，但是会洄游数千千米到遥远的大海中产卵。

左页：红鲑鱼（Sockeye salmon）（拉丁学名：*Oncorhynchus nerka*）在秋季会逆流洄游到它们的出生地，在那儿产卵，之后就会死去。经历生命的最后一幕后，红鲑鱼的尸体顺流漂下，陷入旋涡，或是在满是鹅卵石的岸边被冲刷。亚历克斯在满是红鲑鱼的尸体的水中拍下了这些照片。他永远也无法忘记那种刺鼻的腐烂气味。

下图：鲑鱼将它们的生命分给了淡水和海水。这只雄性红鲑鱼几周前刚刚在大海中饱食一顿，它的下颌已经长成了一个夸张的弧度，这是为了能和其他的雄性鲑鱼竞争与雌性鲑鱼交配的权利。交配之后，雌性鲑鱼会在满是卵石的河滩上产卵。

右图：加拉帕戈斯绿海龟（Galápagos green turtle）（拉丁学名：*Chelonia mydas agassizii*）利用少有的平静在生长在火山岩上的奢华的海藻垫子上觅食，这片海域通常风高浪急。这里还有另外一种从陆地回到海洋的爬行动物海鬣蜥（Marine iguana）（拉丁学名：*Amblyrhynchus cristatus*），它们和加拉帕戈斯绿海龟一起分享着这片草场。海龟会短暂地回到陆地繁殖，而海鬣蜥则会短暂地去大海中觅食。

　　也许人类也是变迁的一部分，但是使我们对大海的殖民成为可能的并不是进化，而是人类智慧和技术的进步。航海技术可以追溯到比你想象中更久远的从前，我们已经在海边生活了很久很久，在那里发现了丰富的食物。第一种已知的海产晚餐是16.4万年前南非海岸上的贝类，它们被人类捡拾，在附近的山洞里享用。现代人类离开非洲之后，迅速遍及阿拉伯和亚洲南部沿海，并且在6万年前到达了印度尼西亚诸岛。大约5万年前，人类到达了澳大利亚，那时候，他们可能已经有了最原始的船只，可以在近海捕鱼。

右图：红树林庇护着热带海岸，它们从热带地区向南北延伸，直至冬季的寒霜阻挡了它们的步伐。茂密的华盖之下，是水底泥沙中错乱纠缠的根系，深植于数千年积累的深深的泥炭层中。红树林保护着海边低洼地带的人类和庄稼免受热带风暴的侵袭，它们或许也能够抵消掉全球变暖带来的海平面上升。它们牢牢抓住海底的泥沙，使海岸能够随着上涨的海平面上升，但是这只限于泥沙充足，以及树木没有遭到砍伐或没有被辟作鱼塘的地方。

很久以前，人类的进化本应该和水（也许是与海洋本身）有着更紧密的联系。我们人类所具有的某些特性，其本身或许并没有太多意义，但这是为了适应在水中或在水周围生存的需要。比如潜水反射（Diving reflex），当我们将整个脸部没入水中的时候，我们的心跳速度会减缓；又如和其他的陆生哺乳动物相比，人类有更多的皮下脂肪，我们的体脂含量可以和长须鲸（Fin whale）媲美。人类学家们推测，我们的某些祖先可能就长期生活在大海边缘，潜游在水中捕食贝类。可能这正是人类和大海之间有着深深的情感联系的原因。英国的一项研究发现，人类喜欢临海而居，而且那些居住在海边的人类一般比居住在内陆的人类更为健康、寿命更长。

上图：印度尼西亚，生长在红树林根系上的海鸡冠珊瑚（Red soft coral）（拉丁学名：*Dendronephthya* sp.）。尽管红树林通常生长在泥泞、浑浊的水里，比如那些热带溪流、河水流入海洋的入口处，有时候它们也生长在珊瑚礁附近清澈的水中，和美丽的珊瑚礁交相辉映。

右页：塔斯马尼亚霍巴特的德文特河河口，是世界上仅有的有粗体澳大利亚躄鱼（Spotted handfish）（拉丁学名：*Brachionichthys hirsutus*）生活的水域。这种鱼生活在河流和海洋交界处的咸水中。它们的胸鳍被改造成"手臂"，上面还有"手指"可以在海床上攀爬，因此被称为躄鱼。仅有的狭小生存地理区域使得一个物种面临着灭绝的危险。一种日本海星（Japanese common starfish）（拉丁学名：*Asterias amurensis*）随着远东的货船被无意中带到塔斯马尼亚，而它们会吃躄鱼产在海底的卵，因此粗体澳大利亚躄鱼危在旦夕。

历史上，大海是我们生活中不可或缺的一部分，或作为屏障，或为征服开道，或带来名声，或不得不逃亡、流放，或是食物的来源，或是恐惧的源头，抑或带来风暴、洪水和海啸。海洋作为全球商业活动的通道，来往其上的船只承载了全球90%的国际贸易货物。然而，我们渐渐懂得，海洋的意义远不止于此，它对地球上的生命，无论是水上还是水下的，都至关重要。这些生命占据了地球上95%的生存空间，在创造宜居星球的过程中举足轻重。这意味着我们了解大海并不仅仅只是为了满足无意义的好奇心，而是事关我们每个人的福祉。长久以来，从海洋中获取，将废物倾倒入海洋，我们视此为理所当然。然而，我们不能再这样继续下去了。今天，人类已经拥有了改变这个星球的力量，我们必须学习如何运用这种力量来保护这个星球。

左页：飞旋海豚（Spinner dolphin）（拉丁学名：*Stenella longirostris*）可能是海豚中最具活力的一种，它们成群结队地旅行，有时成百上千次地表演芭蕾和跳高。它们要解决的问题是在无尽的毫无特点的外海海域，如何通过合作捕捉到猎物。成群的海豚会将鱼群赶入越来越小的包围圈，然后一次一只或两只海豚会冲进包围圈的鱼群中饱餐一顿。

上图：世界上的数百种鲇鱼（Blenny）都生活在大海中，只有3种除外，图中的这种雄性淡水鲇鱼（Freshwater blenny）（拉丁学名：*Salaria fluviatilis*）就是其中的一种，它们生活在地中海的意大利撒丁岛海拔700米的高山河流的河底。这种鲇鱼有两个近亲，一个生活在希腊的高山上。它们都源于同一个物种，这个物种在过去的某个时间成功跃入淡水。

它们的这个祖先很有可能既能生活在淡水中又能生活在咸水中，因此它们可以移居到地中海盆地周围的河流和湖泊中生活。

无脊椎动物

　　生命的伟大奇迹之一是生物在水、空气和土壤中建造了它们不朽的栖息地。树木创造森林、芦苇成就湿地，有时候还有更为神奇的魔法，比如微小的动物能建造山峦。在西非纳米布沙漠中部一处寸草不生之地，低矮的山丘矗立在被侵蚀、风化了5亿多年的平原上。这看似寻常，但其实这些山丘是史上第一种造礁动物建造的。

左图：一只丑角蟹（Harlequin crab）（拉丁学名：*Lissocarcinus laevis*）藏在斑绞管海葵（Tube anemone）（拉丁学名：*Cerianthus sp.*）带刺的触角之下。

克劳德管（Cloudina）是一种微小的生物，只有15厘米长、几毫米宽。没有人确切知道它是一种蠕虫（Worm）还是一种软体动物（Mollusc），或者是与这两者都完全不同的生物。重要的是，这种生物已经进化出能够从海水中提取碳酸钙的能力，碳酸钙其实就是白垩的基本成分，用来建造出贝壳质的骨骼。克劳德管是这个星球历史上无与伦比的进化大爆发的先锋。这次进化大爆发被称为"寒武纪生命大爆发（the Cambrian explosion of life）"。除了克劳德管建造的这些山丘之外，在5.42亿年前寒武纪开始之前，岩石中只有神秘的、模糊的化石，因为那时的生物身体大多小而柔软。寒武纪生命大爆发之后，可辨认的化石在各地都有发现，仿佛是神邸召唤出了生命一般。

上图：鹿角珊瑚（拉丁学名：*Pocillopora* sp.）上一只雌性红点警卫蟹（Red-spotted guard crab）（拉丁学名：*Trapezia tigrina*）摆出防御的姿势。珊瑚树枝上的蜂窝状突起保护了这种很小的螃蟹，作为回报，这种螃蟹会保护珊瑚免受掠食性长棘海星（Crown-of-thorns starfish）（拉丁学名：*Acanthaster planci*）的攻击，如果海星向前移动，它会猛咬海星的管状足。这种螃蟹还会帮助珊瑚清理周围的沉积物，这些沉积物会挡住光线，而且会堵塞珊瑚的息肉。

右页：为今天的珊瑚铺平道路的伟大创新是一种可以利用光合作用的微生物黄藻（Zooxanthellae）和一种可以从海水中沉淀碳酸钙的动物的结合。黄藻使得珊瑚生长的速度成倍加快，使其储存碳酸盐的速度要远快于碳酸盐被溶解和侵蚀的速度。然而珊瑚有一个致命的弱点，其对于因为大气二氧化碳水平升高导致的海洋酸性上升极为敏感。因此，除非我们尽快放弃化石燃料，否则这个珊瑚造礁活跃的世道可能就此终止。

生命进化史上的分水岭是进化出了更容易成为化石的坚硬的身体。无脊椎动物，这是所有没有脊椎的生物的总称，它们拥有了外壳和骨骼。许多科学家认为是掠食性动物的出现引发了这次进化。掠食者和被掠食者之间的军备竞赛带来了进化创造力意想不到的兴盛，一波又一波全新的生命遍及全球的海洋。无脊椎动物的时代到来了。

右图：清晰的红海星（Vermilion starfish）（拉丁学名：*Mediaster aequalis*）的微观图。这块区域大概有2厘米宽，这种看上去有些像脑珊瑚的三角形结构被称为筛板（Madreporite）［这是根据和其相似的珊瑚命名的，这种珊瑚曾被叫作石珊瑚（Madrepore）］。筛板是一个连接海星体内外海水循环系统的阀门，通过细微的跳动，毛发般的纤毛通过筛板泵水给体内增压，为海星的管状足提供行走、寻找食物和攻击猎物的动力。

右页：科学揭示了意想不到的奇迹。这种色彩鲜艳的等足虫（*Santia* sp.）是一种和土鳖虫相关的生物，它们聚集在一种蓝色海绵（*Haliclona* sp.）的表面，看上去很醒目，然而比起这些显而易见的特征，其实还有更多细节。它们的颜色来自在它们身体上耕作的微小的能够进行光合作用的单细胞微生物。这种等足虫会聚集在阳光下使得这种微生物得以生长。它们本来注定会成为掠食者的抢手货，然而正是这些微生物给它们提供了一种口感极差的化学防御。但这种等足虫却认为这些微生物非常可口，它们将这些微生物从自己身体上弄下来，像收获成熟的橘子一样（它们身上裸露的部分是已经刮下微生物的地方）。图片上的这两种不同颜色的等足虫是因为其身上的微生物颜色不同，它们可能是不同的物种吗？海面上还有一些难以察觉的微小的挠足类动物，谁知道它们的秘密又是什么呢？

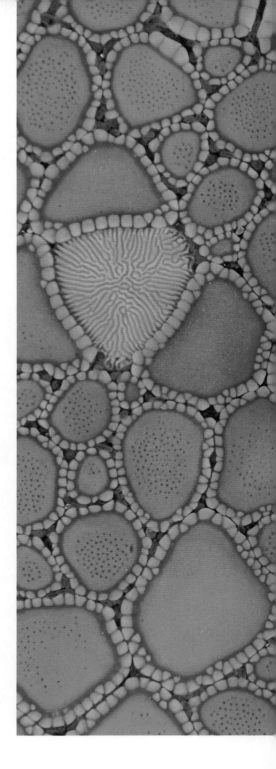

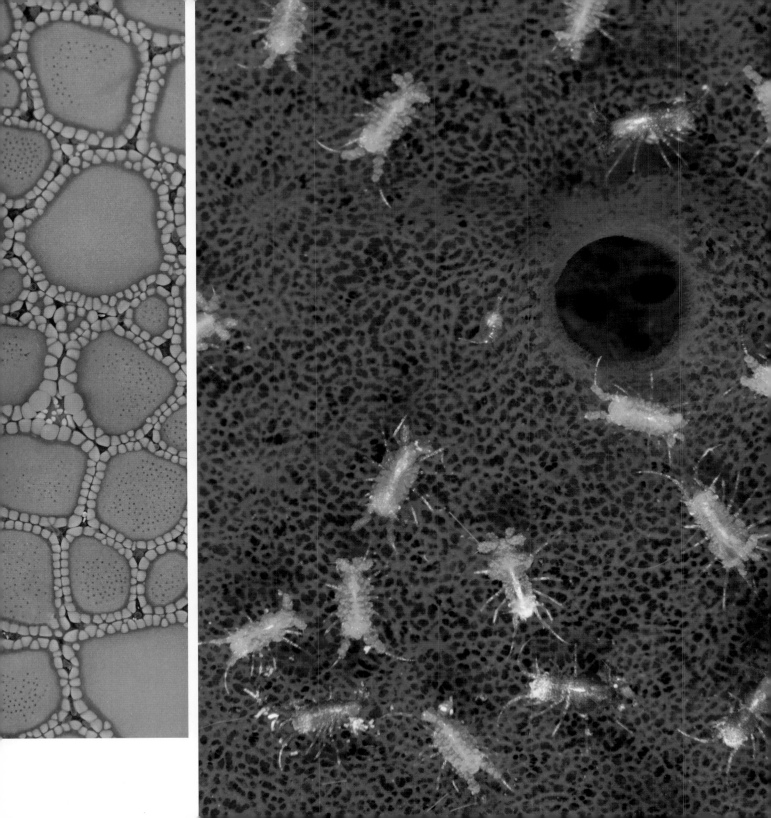

右图：生活在珊瑚礁上的生命是如此艳丽，无论你以什么尺度去看它们，都是那么令人吃惊。近距离放大去看，你会发现一个全新的世界。本图是一对驻足在珊瑚上的老虎虾（Spiny tiger shrimp）（拉丁学名：*Phyllognathia ceratophthalmus*）。

左图：一只停在蓝指海星（Blue sea star）（拉丁学名：*Linckia laevigata*）上的釉彩蜡膜虾（Harlequin shrimp）（拉丁学名：*Hymenocera elegans*）。这种虾以海星为食，它们会将海星翻过来，把它们当成活着的食品储藏室。几对釉彩蜡膜虾还会一起合作，将比它们自己大得多的海星翻转过来。

　　几乎所有今天存在的无脊椎动物谱系的基础都是在这个时期打下的，虽然也有更多的没能生存下来。其他能够用自己的骨骼建造白垩礁的生物很快加入到了克劳德管的行列，比如花瓶状海绵质地的古杯动物（Archaeocyatha）。寒武纪以来的5亿年里，珊瑚礁的建筑大师来来去去，每一次循环都是以一次大规模的生物灭绝为终结的，每一次新的开始都是灾难之后一轮新的进化爆发，新的生命形式填补到空出的生态位。第4次生物大灭绝和今天正是史上最大的一次生物灭绝之后的循环。开始于大约2.52亿年前的二叠纪末生物大灭绝（the end-Permian mass extinction），在仅仅几百万年中，就使得地球上大约95%的生命灭绝了。

右图：帕劳水母湖中如暴风雪般的水母。帕劳的这个水母湖与其他几个湖在大约20 000年前和大海分离开了。湖水是通过石灰岩裂缝底部渗入的海水得以补充的，然而水母却被困在了这里。5个不同的水母湖，每一个都支持一个不同的水母亚种——巴布亚硝水母（拉丁学名：*Mastigias c.f. papua*），其数量众多，隔离使得它们走上了不同的进化之路。

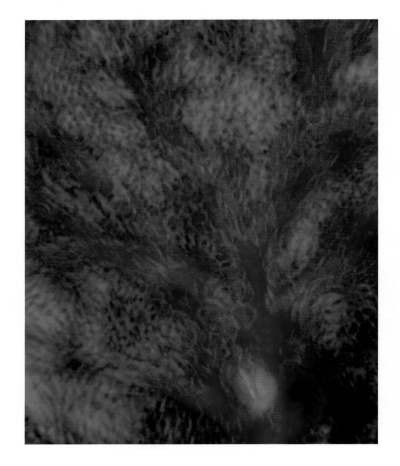

　　地球历史上的5次生物大灭绝事件都和大量释放到大气中的二氧化碳导致失控的全球变暖有关。在二叠纪末生物大灭绝期间，热带海洋温度曾高达40℃。但是气温上升并不是海洋生物面临的唯一问题，而且可以说这并不是最糟糕的问题。二氧化碳溶于水中会产生碳酸，这反过来又会降低溶解碳酸盐的效率，而碳酸盐是白垩外壳和骨骼的主要构架。突然之间，巨大的资产就成为了负债。然而，每一次生物大灭绝过程中，成功的进化从未止息。

上图：印象画派风格的海底扇（Seufan）。

右页：抽象画派风格的海百合（Sea lily）。

左页：一只狮鬃水母（Lion's mane jellyfish）（拉丁学名：*Cyanea capillata*），它的触须在水中伸展。很少有生物会费心去吃水母，因为它们含有的热量太少。但有一个例外，就是巨大的棱皮龟（Leatherback turtle）（拉丁学名：*Dermochelys coriacea*），它们迁徙到高纬度地区，就是专门为了在春夏季浮游生物大量繁殖的时候找到聚集的水母。棱皮龟体积巨大，一项研究表明，它们每天能吃掉自身体重3/4的水母，总计能有几百只。

左图：这张图中是来自挪威居伦海域的不同种类的裸鳃目动物（Nudibranch），或称为海蛞蝓（Sea slug）。大约3.5亿年前，海蛞蝓从带壳的软体动物中分化出来。幼年时期，它们仍然长着壳漂在浮游生物中，然而当它们长大后，它们就会蜕去外壳定居在海床上，余生都会在此度过。海蛞蝓会吃一些其他动物都不吃的生物，并且将它们的猎物的化学和生物威慑装备装载在自己的身体上。它们身上这些五彩斑斓的颜色可以警告可能的掠食者它们的肉不仅不好吃，而且还有毒。

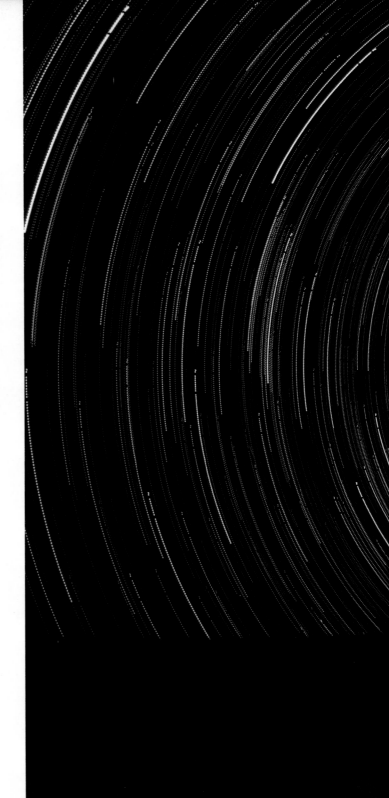

　　每一次生物大灭绝之后，地理记录中珊瑚礁都会消失很长一段时间。但是白垩外壳和骨骼对于拥有它们的那些生物而言是大有裨益的。当海洋回归正常时，新的物种激增，填补了那些灭绝生物的空白。二叠纪结束后的几千万年里，一种新的珊瑚和一种新的微型藻类黄藻（Zooxanthellae）聚集到了一起。自此，这对非同寻常的搭档形成了珊瑚造礁的基础。黄藻生活在珊瑚的组织中，使得珊瑚像植物一样能够进行光合作用，从而生长迅速，建造出庞大的固体珊瑚礁。在距今约6 600万年前的生物大灭绝中，恐龙灭绝了，但是它们生存了下来，恰巧我们发现现今正处在石珊瑚的繁盛时期。上一个冰河时代结束后，世界见证了珊瑚礁繁盛的2亿年。然而现在，它们的繁盛时期有可能就要结束了，人类对此负有不可推卸的责任。

右图：神仙海蛞蝓（Celestial sea slug）（拉丁学名：Flabellina pellucida）。海蛞蝓（Sea slug）这个名字对于这种精致优雅的生物而言并不公平。它们的另一个名字"裸鳃类动物（Nudibranch）"也一样，其意思是"裸露的鳃"。这张照片是将80张挪威夜空中星星轨迹的照片合成在一起产生的效果。

第一次工业革命开始以来，由于二氧化碳排放量的增加，海洋酸度已经增加了30%。如果我们继续这样燃烧化石燃料，到2100年，海洋酸度会增加150%，这比二叠纪末生物大灭绝时海洋酸度的增速要快10倍。我们正进入未知的水域，实验室实验和地质历史都指向同一个方向：对于这些具有白垩外壳和骨骼的生物，生存将再次变得艰难。有些预言认为珊瑚造礁最早可能在2050年就会终结。其他一些预言更不确定。人类活动导致的大海变化可能产生的结果之一就是要重新定义什么才是成功。拥有白垩构造的物种可能会受到影响，而其他一些没有这种结构的生物可能会繁盛起来。

上图：北苏拉威西岛蓝碧海峡，这里没有太多泥泞的海床。这种椰子章鱼（Coconut octopus）（拉丁学名：*Amphioctopus marginatus*）会使用一种神奇的自我保护方法。作为极少数无脊椎动物使用工具的例子，这种章鱼会拖来两瓣被丢弃的椰子壳，用脚尖像踩高跷一样踩在椰子壳上走路，并且在需要的时候把椰子壳当成防护的洞穴。而且这种行为并不是一次性出现，而是反复出现的。

右页：一对拟态章鱼（Courting mimic octopuse）（拉丁学名：*Thaumoctopus mimicus*）。较小的雄性章鱼骑在雌性章鱼身上，试图用触手将精囊放到雌性章鱼的套膜（Mantle）中。它们之所以被称为拟态章鱼，是因为它们会模仿能够分泌毒液的珊瑚礁生物的形状和带颜色的花纹。亚历克斯有个想法，但不是很确定，他观察了这种动物好几个小时，他认为我们看到的动物其实并不真的在那里，它就如过眼云烟一般。

左图：红海中的一对蓝章（Reef octopuse）（拉丁学名：*Octopus cyanea*），可能两只都是雄性，它们正在打架。已知这种物种的个体会用触手紧紧箍住另一只的呼吸器和外套膜的开口处，直至将另一只章鱼勒死。有一个事例，是一只雌性章鱼将和它交配的雄性章鱼勒死，然后吃掉了。

二叠纪末生物大灭绝之后，海洋的酸性更高，含氧量更低，然而乌贼（Squid）和章鱼（Octopus）却生活得很好，而且可能在未来的一个世纪里再次繁盛。而一群无壳的无脊椎动物是其中生活得最好的，它们是一种凝胶状的浮游动物。近些年来，水母（Jellyfish）、樽海鞘（Salp）和栉水母（Comb jellie）的数量已经有所增加，这得益于一些因素前所未有地结合在了一起：它们没有白垩结构，因此可以无视海洋酸化；它们中的许多喜欢温暖的环境，所以全球变暖也不是问题；它们喜欢有大量营养物质的场所，所以污水和农业污染对它们是有益的；而且它们的天敌被过度捕捞，而它们则兴旺繁荣。近年来，水母爆发的现象似乎有加重的趋势，科学家们将这种现象称为"水母的崛起"。他们说，我们可能正在反向重演地质历史，一旦水母统治了海洋，海洋将退回克劳德管的前寒武纪时期。无论发生什么，无脊椎动物必将充分利用这些机遇。

右图：一种和海滩沙蚤相关的甲壳类动物，搭上了一只栉水母的便车。这些端足目动物在它们的进化过程中，很久以前就放弃了在海底生活，成为浮游星系的"太空"旅行者。它们骑着水母"小行星"，在"太空"中遨游，以水母为食，在它们自己的小世界中交配、繁殖。雌性会在它们腹部的育儿囊中孵化下一代，当它们和另一只足够合适的水母漂浮得够近的时候，它们会将它们的幼崽扔到那只水母身上，祝它们好运，然后永远地消失，继续它们自己的旅途。

海藻教堂

　　温带沿海地区遍布着大量巨藻林（Kelp forests），对于像我这种生活在中纬度国家的人们而言，这是我们最熟悉的海洋生态系统之一。但是很少有人重视它们，我们只看到表面滑腻、乱糟糟的细长叶子。盛夏时节，从下往上看，巨藻林就像凉棚，从教堂窗户倾泻而下的缕缕阳光透过摇曳的细叶，洒在凉棚下的阴影中。它们是名副其实的森林，只不过是由快速生长的海藻形成的。然而它们又不同于陆上的森林，因为它们是季节性的。每年冬季，风暴肆虐，这些"树木"就只剩下树桩了。风暴撕裂叶片搭建的中庭和长廊，将废墟抛向海岸，腐烂成一团团黏稠的漂浮物。

左图：巨藻（Giant kelp）（拉丁学名：*Macrocystis pyrifera*）笔直向上，就像教堂的廊柱。森林的地板是交杂着珊瑚藻（Coralline algae）硬壳的紫色斑点和红柳珊瑚（Red gorgonian）（拉丁学名：*Lophogorgia chilensis*）的岩石铺成的。一只美丽的雌性突额隆头鱼（California sheephead）（拉丁学名：*Semicossyphus pulcher*）正从右方经过，由它鼓起的肚子可以看出它刚刚美餐了一顿。

人们在所有的大洋中都发现了海藻森林，而在太平洋中它们达到了巅峰状态。在那里，巨藻（Giant kelp）和腔囊藻（Bull kelp）可以长到40米、60米甚至80米长。海藻喜欢营养物质丰富的冷水，并且要有坚硬的海床可以扎根，因此海藻森林在岩石遍布、雾霭笼罩的海岸附近生长得最好。当春天里白天开始变长的时候，它们粗糙、多节的树桩萌发出新的根系，紧紧抓住岩石，向岩石的缝隙中伸展。之后，这些植物迅速向上生长，以每天半米的速度，在初夏就能长成华盖般的树冠，将下层植物笼罩在一片柔和的棕绿色之中。当你进入这片向光生长的植物廊柱之中时，林下茂盛的珊瑚、藻类将岩石点缀成红色、锗色、粉色和橙色，一种崇敬之情油然而生。

上图：连帽海蛞蝓（Hooded sea slug）（拉丁学名：*Melibe leonina*）正吸附在腔囊藻（Bull kelp）（拉丁学名：*Nereocystis luetkeana*）的径上进食。尽管它们是在静止不动的时候从水中过滤食物，然而它们也会爬行和游泳。触到一只海星的管状足，预示着掠食者的到来，这足以使它们迅速逃之夭夭，一下就可以游个好几分钟。

右图：一只腹斑杂鳞杜父鱼（Red irish lord）（拉丁学名：*Hemilepidotus hemilepidotus*）潜伏在温哥华岛布朗宁海域的腔囊藻森林中，后面是一只背平鲉（上方中间）（Quillback rockfish）（拉丁学名：*Sebastes maliger*）和两只铜平鲉（左边和右边）（Copper rockfish）（拉丁学名：*Sebastes caurinus*）。腹斑杂鳞杜父鱼最显著的特点除了它们华丽的颜色之外，还有它们独特的亲代抚育方法：4只雄性腹斑杂鳞杜父鱼会一起合作保卫一只或多只雌性腹斑杂鳞杜父鱼产的一窝卵。

　　森林使海底的岩石和空气之间的空间变得更为热闹，大量鱼群顺着洋流来到海藻丛中，拖曳着的长长的海藻就像迎风招展的条幅。鱼群迂回前行，在这样食物丰富的环境中，鱼儿仿佛是直接在液体输送带上进食浮游生物，不费吹灰之力就能饱餐一顿。在下面的岩石之间，魁梧的石头鱼（Rockfish）、杜父鱼（Sculpin）、鳗鱼（Eel）和章鱼（Octopus）彼此争夺着最佳的狩猎位置或可以安静进餐的最佳巢穴。海藻的叶子从底部向上生长，随着季节的变化，衰老的叶片破碎、脱落，成为以此为食的海胆（Urchin）和鲍鱼（Abalone）的美食。当叶片表面黏滑的外层变薄时，一群群无脊椎动物，如海绵（Sponge）、苔藓虫（Bryozoan）、水螅虫（Hydroid）以及海鞘（Ascidian）就占领了这些海藻的叶子。它们轮番攻击海蛞蝓（Nudibranch）、对虾（Prawn）、海蜘蛛（Pycnogonid）和一些小型鱼类。

右图：一只加州海狮（California sealion）（拉丁学名：*Zalophus californianus*）正在巨藻（Giant kelp）（拉丁学名：*Macrocystis pyrifera*）林下打瞌睡。

左图：加利福尼亚1/4的断沟龙虾（California spiny lobster）（拉丁学名：*Panulirus interruptus*）栖息在岩礁之中，岩礁能保护它们。在加利福尼亚海峡群岛海域，龙虾非常常见，遍布每一条岩石缝隙。它们的存在也有利于巨藻的生长，因为它们猎食海胆。如果没有这种天敌，海胆就会因为有大量的巨藻为食，而变得越来越多，它们会扫荡一切海藻，直到只剩下光秃秃的岩石。

上图：海藻有柔韧的茎，因此退潮的时候它们能够随着洋流的方向摆动或倒伏。巨藻（Giant kelp）（拉丁学名：*Macrocystis pyrifera*）上长有这种充气的囊状物，使它们能朝着阳光漂起。

右图：这只雄性叶海龙（Leafy seadragon）（拉丁学名：*Phycodurus eques*）的育婴囊上挂着一串饱满的卵。海马（Seahorse）和叶海龙是少数由雄性孵化幼崽的动物。

早在人类发现新大陆之前很久，也就是在大约12 000年前，人类就占据了加利福尼亚海峡群岛，考古学家们认为是海藻森林给这些殖民者提供了一条从亚洲通往欧洲的捷径。在遍布巨藻的日本海岸和勘察加半岛海岸，人类磨练出优秀的航海技术，他们顺着巨藻的踪迹踏上了冰雪覆盖的阿留申群岛，这是通往加利福尼亚和墨西哥的必经之地。虽然那时候的船都很小，还有用芦苇扎在一起制成的筏子，但是巨藻形成的阻尼波在大海和陆地之间创造了一条平静的可以航行的通道。几千年来，北大西洋丰富的物产使这里的原住民有更多的时间从事创作，因而孕育了灿烂的艺术文化。

上图：一只正在加拿大海域捕食的太平洋巨型章鱼（Giant pacific octopus）（拉丁学名：*Enteroctopus dofleini*）。在它们3~5年的短暂一生中，最重要的最后一幕是雌性章鱼退到洞穴中照看它们的卵。大概6个月的时间，雌性章鱼一直会在洞穴中保护着它们的卵，它们会温柔地拨动海水给卵提供新鲜的氧气并保持卵的清洁，而它们自己则会慢慢地饿死。幼鱼孵化出来之后，章鱼母亲就会衰竭而死。

右页：一只钩吻杜父鱼（Grunt sculpin）（拉丁学名：*Rhamphocottus richardsonii*）用手指似的胸鳍顶端爬过柔软的珊瑚和海绵。这种北大西洋鱼类进化得很像巨型藤壶（Giant acorn barnacle）（拉丁学名：*Balanus nubilis*），有5~8厘米长，它们生活在废弃的藤壶壳中，有时候也会待在人类丢弃的瓶子或管子中。交配的时候，一只雌性会追逐数只雄性，直到将其中一只逼入缝隙、角落，之后它会产卵，等到雄性受精后，它会离开，并由雄性留下来保护这些卵。当受精卵要孵化出来的时候，雄性杜父鱼会将它们含在嘴里，游到外海再将它们吐出来，之后打破卵膜让幼鱼游出来。

左图：加拿大太平洋沿岸一群美洲平鲉（Black rockfish）（拉丁学名：*Sebastes melanops*）挤在腔囊藻（Bull kelp）（拉丁学名：*Nereocystis luetkeana*）粗壮的茎叶之中。这片海藻林中盛产鱼类、贝类、海獭（Sea otter）（拉丁学名：*Enhydra lutris*）以及其他生物。考古学家们认为在环太平洋地区形成了一条"海藻公路"，在上一个冰河时代结束的时候，渔民们沿着这条"海藻公路"，从亚洲迁徙到了北美大陆。

上图：塔斯马尼亚的一只阴影绒毛鲨（Draughtsboard shark），也称为澳大利亚绒毛鲨（Australian swellshark）（拉丁学名：*Cephaloscyllium laticeps*）。这种绒毛鲨能够大口吞水，身体迅速膨胀，变成原来体积的两倍，使自己能挤进岩石的缝隙，以免被大型鲨鱼或海豹拖走吃掉。

　　海藻森林为掠食者和猎物都提供了掩护。在北美洲西海岸，虎鲸（Killer whale）将自己隐藏在巨藻附近，这样它们就可以出其不意地攻击那些第一次向北迁徙去北极捕食场的小灰鲸（Grey whale）。人类捕鲸者出于相同的目的利用这些森林，他们的小船静静地守候在水草之中，直到一只迁徙中的鲸鱼进入狩猎范围。海狮（Sealion）和毛皮海豹（Fur seal）也在其中觅食，并且在海藻缠绕的叶片中躲避鲨鱼。

　　很难再有其他任何地方能找到拥有如此丰富生命的森林，从岩石到森林的季节性变迁具有明显的规律性，而从森林回归到岩石又显得如此脆弱。海藻森林第一次展示了生态系统的结构是如何依赖于其间居民之间的紧密联系的。在北美洲的太平洋沿岸，人类从18世纪就开始捕猎海獭（Sea otter），这导致这里的海獭濒临灭绝，转而又导致大量海藻的消失。这种联系并不是立即显现出来的，但是很容易解释。当海星和鲍鱼没有了天敌海獭，它们就会大肆繁殖，其结果就是藻类植物被大量吃掉。同样的影响也在其他一些没有海獭的地方出现，比如澳大利亚和新西兰，那里是因为对以海星和鲍鱼为食的鱼类与龙虾的过度捕捞导致的如此结果。

左图：一群斑鳍光鳃鱼（Blacksmith）（拉丁学名：*Chromis punctipinnis*）正在阻截顺着巨藻（Giant kelp）（拉丁学名：*Macrocystis pyrifera*）塔柱漂来的浮游生物。

上左图：北太平洋海藻森林中，趴在布满海葵的斜坡上的锗色海星（Ochre sea-star）（拉丁学名：*Pisaster ochraceus*）。在20世纪60年代，这些海星可以长到半米大，这带来了人们对于某些生物在生态系统中所起到的关键作用的新理解。当海星远离海藻森林时，海星的猎物藤壶（Barnacle）和贻贝（Mussel）很快就占据了这里，它们排挤巨藻和生活在巨藻林中的其他生物以及宏体藻类固着器（Holdfast）。类似的情况在世界各地都有记录，掠食者对于其周边的栖息地的构建至关重要。

上右图：一只巨型蜘蛛蟹（Giant spider crab）（拉丁学名：*Leptomithrax gaimardii*）在一株马尾藻（Sargassum）上警惕地审视着摄像机。这种南澳大利亚原生动物每年冬天都会聚集在菲利普港湾蜕壳，数量惊人。在长大、变硬前，它们的新壳是软的，因此易受捕猎者的攻击。大量蜕去的壳可能是抵御掠食者的一个策略，能确保更多的螃蟹存活下来。

上图：一只小小的糖果条纹虾（Candy-striped shrimp）（拉丁学名：*Lebbeus grandimanus*）舒服地栖身于它的宿主粉红海葵（Pink sea anemone）柔软的怀抱中。

1768年，一连串意想不到的事件导致了斯特拉大海牛（Steller's sea cow）在北太平洋灭绝。这种温和的巨兽有10米长。1741年，博物学家乔治·斯特拉（Georg Steller）在发现阿拉斯加之后返回俄罗斯的途中遭遇了海难，这种海牛正是在那时候被发现的，因而以斯特拉的名字命名。船只失事的时候，在距离俄罗斯本土不远的白令海峡和铜岛（Copper islands）附近生活着几千只海牛。最终，船员们得救了，他们还带回了数百张珍贵的海獭皮，引发了人类前往海岛狩猎的热潮。随着海獭数量的减少，巨藻变少，最后一只斯特拉海牛在这种生物被发现27年之后，因为没有食物而被饿死。

在大量保护措施下，从阿拉斯加到加利福尼亚，海獭的数量已经有所增加，这使得巨藻再次占据了它们几乎销声匿迹的地方。在塔斯马尼亚、新西兰、南加利福尼亚、墨西哥和智利，海洋保护区的设置使得曾经近乎灭绝的掠食性动物的种群实现了重生的奇迹。

右图：澳大利亚塔斯马尼亚岛附近海域一只带着卵的雄性草海龙（Weedy seadragon）（拉丁学名：*Phyllopteryx taeniolatus*）正游弋在海藻森林的林荫之中。经过两周的求偶和亲密接触之后，雌性草海龙会将卵产在雄性草海龙的育婴囊上。之后，雄性草海龙会立即释放它的精子，然后绕着很小的圈子游泳，使这些卵受精。

左页：港海豹（Harbour seal）（拉丁学名：*Phoca vitulina*）在巨藻林各种鱼类和贝类的盛宴中茁壮成长。这张照片拍摄于加利福尼亚，但海豹是一种分布很广泛的动物，在北半球寒冷的沿海地区也有发现。太平洋海豹和那些欧洲沿岸的海豹看起来有些不同，就有点像加利福尼亚人和欧洲人也不太相同一样。

左图：南澳大利亚约克半岛叶海龙（Leafy seadragon）（拉丁学名：*Phycodurus eques*）的"自拍照"。

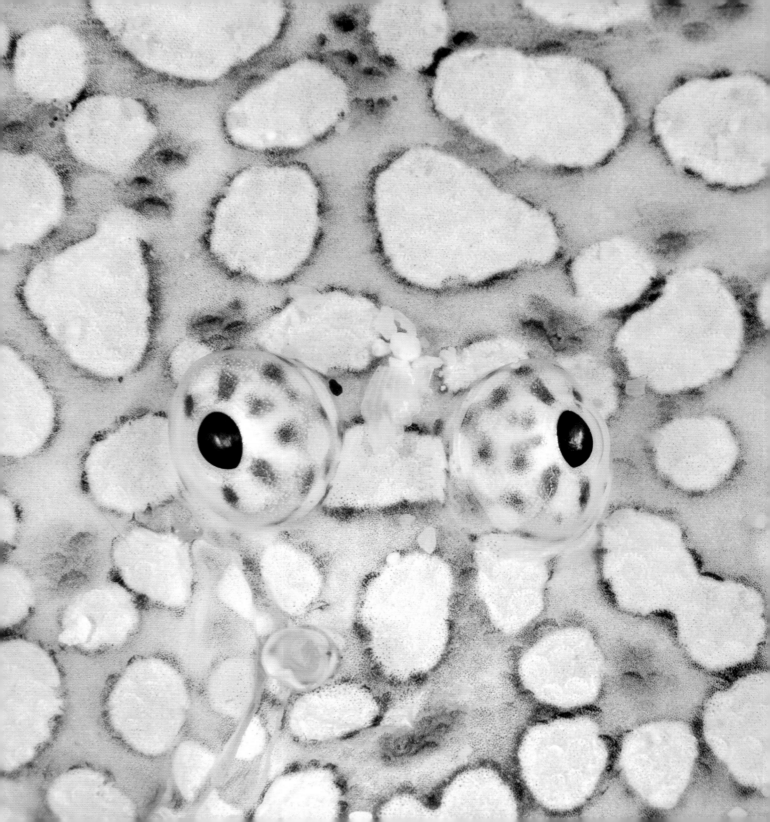

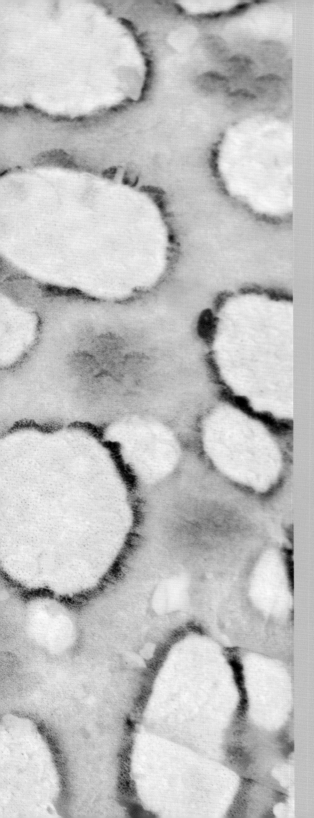

美丽的本质

　　鱼类是海洋中最引人注目的生命形式，而且广受喜爱，其也成为无数电影中的主角。鱼类形态的美丽多样非同寻常，鱼有各种惊人的生存方式。鱼类是怎样吸引我们的呢？英国普利茅斯国家水族馆工作人员进行的一项研究发现，当水箱中鱼类的种类多时，著名的水族馆抚慰效力会提升。当水箱中有更多的鱼时，参观者会更久地驻足观赏，同时穿戴着检测设备的实验对象的检测数据表明这可以降低他们的心率和血压。

左图：很少有动物像舌鳎（Sole）一样善变，这是一只生活在西巴布亚绍纳岛海域的异鳞宽箬鳎（Frill-mouth sole）（拉丁学名：*Brachirus heterolepis*），它能使自己的点状花纹看起来和布满砾石的海底一样，远远看去就像扁平的泪滴。

我们发现生命吸引力的多样性和丰富性很可能是由于生物在长期进化过程中和自然的亲密接触造成的。野生动物和野生环境在潜意识层面吸引着我们。美很难定义。柏拉图认为，美是普世价值，是善良、真理和正义。虽然我们每个人可能都曾经历过美引发的强烈情感，但是我们知道一个人认为的美，可能会被另一个人嘲笑，尤其是在艺术的世界中，但这似乎又有共同的原因。在一堆照片中，我们往往认为更对称的面孔、更光滑的皮肤更有吸引力，这种偏好是根深蒂固且跨越种族的。亚洲人在看一组高加索人的照片时，他们认为更有吸引力的部分和高加索人认为的一样，反之亦然。生物学家们认为对称性和基因的健康程度相关，光滑的皮肤意味着年轻、健康。神经学家们已经追踪到了大脑中和感官评价相关的对美的体验的构造，换言之，就是决定什么对我们有利、什么对我们有害，哪些是食物、哪些是潜在的配偶或掠食者的构造。对某个特点如此科学的阐释，使我们有别于其他的动物，然而我们的审美偏好，对于某些动物而言，可能是噩耗。

左页：英吉利海峡斯沃尼奇码头，一只雄性浅红副鳚（Tompot blenny）（拉丁学名：*Parablennius gattorugine*）用一只被人类丢弃的小桶作为自己的巢穴。它夸张的颜色能吸引雌性将卵产在它的巢穴中。它保护着这些鱼卵，防范着饥饿的鱼类、螃蟹和海星，甚至还有摄像师，直到几天后，鱼卵孵化出小鱼，游到外海，永远离开它们的父母。

下图：对鳚鱼（Blenny）而言，洞穴意味着安全。在自然栖息地饱受压力的世界，一个被人类丢弃的易拉罐可能是个受欢迎的洞穴替代品。图中的是在澳大利亚悉尼海域，一只栖身于易拉罐中的狼跳岩鳚（Brown sabretooth）（拉丁学名：*Petroscirtes lupus*）。

为什么某只鱼看上去很美，而另一只则不是？许多鱼色彩暗沉、朴素，它们希望自己能消失在背景中，然而好的伪装本身并不总是我们欣赏的障碍。有些鱼极其善于隐藏，它们的伪装拟态技术极其高超。蟾鱼（Frogfish）能近乎完美地模仿海绵、岩石，或是被无脊椎动物覆盖的珊瑚礁。海马和它们的近缘类群无疑是很可爱的，但是并不是所有人都认为它们很漂亮。可能也不包括那些将自己完全融入伪装环境的生物，比如居住在海底扇上的颜色丰富的侏儒海马（Pygmy seahorse），或是在巨藻林中，颜色和行为看起来都像植物似的草海龙（Weedy seadragon）。

右图：在珊瑚礁周围，没有什么能比得上环绕它游动的鱼群更引人注目的了，然而这些鱼中，很少有哪种鱼能比丝鳍拟花鮨（Lyretail anthias）（拉丁学名：*Pseudanthias squamipinnis*）更醒目。丝鳍拟花鮨鱼群是在不断运动的，它们从洋流中汲取浮游生物；当掠食者经过时，它们在遮蔽物和开阔水域之间游来游去，躲避掠食者。它们具有一种可隐藏自身的身体构造。在它们之中，颜色稍稍深一些的雄鱼保护和控制着雌鱼。图中这群鱼中混入了一群蓝紫色的艾氏吕宋花鮨（Waite's splitfin）（拉丁学名：*Luzonichthys waitei*）。

左页：泰国，一只裂唇鱼（Bluestreak cleaner wrasse）（拉丁学名：*Labroides dimidiatus*）正从一只青斑叉鼻鲀（Blue-spotted pufferfish）（拉丁学名：*Arothron caeruleopunctatus*）的鳃腔中往外窥视。珊瑚礁非常需要这种裂唇鱼提供的一站式寄生虫和死亡组织清理服务。它们用非常有特色的点头欢迎方式招揽客户去它们的清理站，裂唇鱼经常无畏地深入掠食者的喉咙，之后又毫发无损地出来。

左图：马尔代夫芭环礁（Baa Atoll）的一只黑点裸胸鳝（Spotted moray）（拉丁学名：*Gymnothorax melanospilos*）。

恐惧和美丽相互交织构成了进化的产物。那些令人恐惧的生物通常被认为是丑陋的，比如蜘蛛、蛇。此外，巨大、锋利的牙齿对改善面部没有多大用处。另一方面，温顺的动物一般都招人喜爱，尤其是那些可以食用或友好的动物。不给鱼类也打上人类基于它们的外表定义的特性几乎是不可能的。蟾鱼（Frogfish）和鮟鱇鱼（Anglerfish）因为它们下翻的嘴，看起有些古怪，而它们生活的地方碎石丛生、泥泞肮脏，更加深了人们对其的不好印象。鲨鱼和鲹鱼冷漠的面孔看上去就是冷酷的掠食者；海鳝（Moray eel）看上去很阴险；鹦嘴鱼（Parrotfish）蠢笨；石斑鱼（Grouper）乖戾；鲇鱼（Blenny）顶着愚蠢的鹿角帽，看上去很滑稽。

右图： 菲律宾内格罗斯岛，两只雄性海神鲉（Long-tail dragonet）（拉丁学名：*Callionymus neptunius*）正在珊瑚礁上打斗。打架是这些鱼生活的一部分，这能决定谁可以交配。雄性保护着自己的领地，防止其他雄性进入自己的地盘，因此这些打斗撕拉扯咬十分激烈。领地越大、长得越大的雄鱼，就有越多的交配机会。在交配旺季，雄鱼每天都会和几只不同的雌鱼交配。

　　热带鱼的颜色和那些色彩单调的鱼类正相反，它们的色彩非常鲜艳。人们发现它们有强烈的对比色，如黑色和黄色、蓝色和橘色，这能立刻吸引人们的注意力。某些鱼还有色彩斑斓的花纹，看上去似乎在闪闪发光，像霓虹灯招牌一样。但是，这些颜色和花纹对鱼而言又意味着什么呢？要了解这一点，我们必须像鱼一样观察和思考。集群鱼类（Schooling fish）往往都有纵向的条纹，这种花纹在鱼的世界里代表和平相处，而有横向条纹的鱼类则更具侵略性和领地意识。

上页：在物产丰富的加利福尼亚湾，鱼类的数量多得惊人，能形成一面面移动的墙。图中是青鲹（Green jack）（拉丁学名：*Caranx caballos*）银色的身体。

像艺术品一样的神仙鱼。从最左图开始按顺时针方向依次为：蓝面神仙鱼（Blueface）（拉丁学名：*Pomacanthus xanthometopon*）、皇帝神仙鱼（Emperor）（拉丁学名：*Pomacanthus imperator*）、马鞍神仙鱼（Bluegirdle）（拉丁学名：*Pomacanthus navarchus*）。

右页：这只藏在黑珊瑚（Black coral）之间的雀鲷，它叫作仿雀鲷（Imitator damsel）（拉丁学名：*Pomacentrus imitator*）。这是鱼类学家吉尔伯特·惠特利（Gilbert Whitley）在1964年命名的，他认为这种鱼是在模仿一种类似的物种，他在同样的研究中第一次描述了该物种。这种被模仿的物种后来被发现完全就是另一种生物，而且看起来和仿雀鲷一点儿也不像。因此，所谓仿雀鲷模仿的物种，其实从来就没有真正存在过。

我们感知的颜色不一定是鱼看到的颜色。有些鱼对紫外线敏感，而紫外线会很快被水过滤，因此这些鱼通常生活在离水面很近的地方。有些鱼能看见偏振光，这种光能够过滤强光，提高景物的对比度。水下摄影在闪光灯的效果下，获得的明亮色彩通常并不是这种生物在自然光下的样子。随着深度的增加，水首先滤掉红色波长的光，然后是橘色，然后是黄色，到了50~100米深的午夜区，就只剩下蓝色和灰色了。到了20米或以下的深度，红色就呈现为深灰色，甚至黑色了。

右图：印度尼西亚蓝碧海峡的一对侏儒海马（Pygmy Seahorse）（拉丁学名：*Hippocampus bargibanti*），每一只都没有花生大，它们正在一株海底扇（Seafan）（拉丁学名：*Muricella*）上打架。它们的拟态如此精妙，它们是在人类采集海底扇，并将海底扇放到水族馆后无意中被发现并命名的。这也是唯一一种在这种情况下被发现的物种。侏儒海马通常成对出现，有时候一株海底扇上生活着好多对侏儒海马。它们非常小，一次只能产下不超过10颗卵，远远少于那些一次可以产下数百颗卵的大海马。

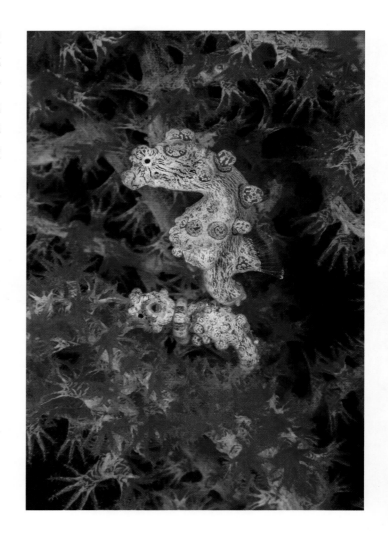

左图：这只来自加那利群岛的尖齿泽鳝（Fangtooth moray）（拉丁学名：*Enchelycore anatina*）满嘴都是闪闪发亮的冰柱似的牙齿，可以确定猎物只要落入它们的嘴里，就一定没有逃脱的机会。

鱼眼中的色素之多令人难以置信，有金色、紫色、黄色、红色等100种颜色。这不禁让人怀疑，这么多的色素会不会使鱼的视力模糊，但其实这些色素是起过滤作用的，可以阻挡某些特定波长的光，使鱼能看得更清楚。这些色素可能还能减少强光，增强图像清晰度。有些鱼还能改变它们眼睛的颜色，去适应变化的光照条件。这些功能性的解释掩饰了它们毋庸置疑的审美诉求。有些鱼的眼睛从近处看绚丽夺目，点点金粉点缀着如绿宝石、红宝石般的瞳孔，像望到一汪深潭，仿佛能使人迷失自我。事实上，从近处看，鱼类就像抽象的艺术作品，能提升我们对美的认识。它们有精致而色彩丰富的花纹，有格纹、锯齿纹、鳞状纹、射线纹，令人眼花缭乱、陶醉其中。

左页：腹斑杂鳞杜父鱼（Red irish lord）（拉丁学名：*Hemilepidotus hemilepidotus*）眼中令人眼花缭乱的万花筒。色素能过滤掉某些波长的光，在满是绿色的海藻森林里，创造一个能使视线更清晰的内部阴影。

下图：这只小小的锯吻剃刀鱼（Ghost pipefish）（拉丁学名：*Solenostomus cyanopterus*）完美地模拟成一片漂着的海藻叶子，甚至连叶子上的杂质形成的斑点都模仿到位了。只有最有经验的，而且还得是很幸运的潜水员才能发现它们。仔细看它背光的腹部，你能看出它刚刚吃下了一只小鱼。

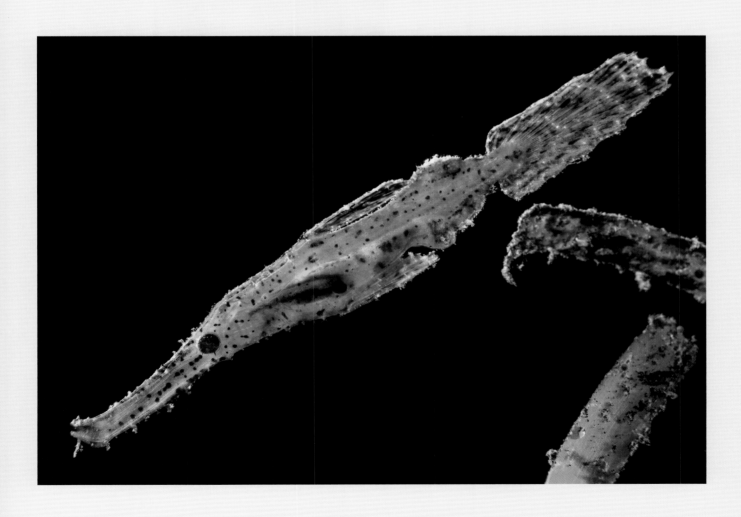

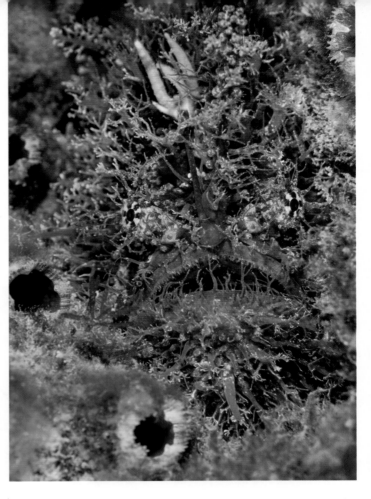

鱼类能找到彼此的吸引对方之处吗？雌鱼常常不得不衡量和某只雄鱼交配的利弊。可能它们在潜意识中发现了这只雄鱼的美，就如人类喜欢对称、喜欢光滑的皮肤一样。然而，雄鱼似乎是不加选择的，任何雌鱼都可以，只要"她"是我的。

上图：无论是逃离掠食者的注意，还是愚弄掠食者，许多鱼都是隐藏的艺术大师。这种澳大利亚的鮟鱇鱼（Tassled anglerfish）（拉丁学名：*Rycherus filamentosus*）伪装得十分精妙，大多数猎物直至被吞下都丝毫没有意识到危险。

右页：条纹躄鱼（Hairy frogfish）（拉丁学名：*Antennarius striatus*）可能是自适应伪装中最引人注目的例子，如果你注意观察，会发现确实是这样。它们看上去比满是海藻的岩石要小一点，躄鱼利用附在它们前额上像鱼竿上的小蠕虫一样的钓饵引诱猎物靠近它们，然后一口吞掉猎物。这张照片拍摄于苏拉威西岛的蓝碧海峡，是在这种鱼栖息的典型的淤泥质海底拍摄的。

下页：尽管翻车鱼（Ocean sunfish）（拉丁学名：*Mola mola*）是最大的海洋硬骨鱼类（鲨鱼和蝠鲼都是软骨），然而潜水员却很少能看到它们。它们是外海中的生物，生活在远离海岸的地方。它们的名字来源于它们喜欢躺在海面上的习惯，因为在它们潜入数百米深冰冷刺骨的水下寻找浮游猎物后，它们需要温暖自己的肌肉。近些年来，人们在高纬度地区也发现了它们的踪迹，如阿拉斯加湾，这是因为温室气体的排放造成的海洋变暖引发的。

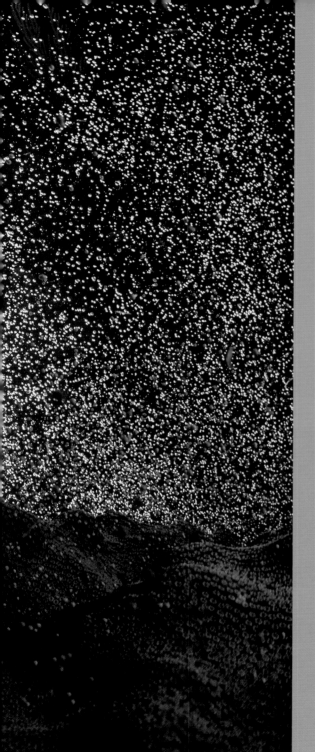

海洋的变化

　　第一道黎明的霞光照在开曼群岛的浅礁边缘，模糊的灰色阴影在即将褪去的夜色中徘徊。第一个白天，鱼儿尝试性地跃上礁石，暂时紧密地覆盖住礁石。在明处，3只大胆的鱼儿慢慢地移动到潜水点，日光透过鱼鳍洒下，像装饰精美的日式扇子。它们的鳍是由透明的皮肤连在一起的，在顶部分开，每一条都有锈色、砖红色和白色的条纹以及丰富的花纹。它们的前额长出两只角状物，嘴边布满褶状的肉芽。颜色和鳍的形状赋予了这种鱼"烟花鱼（Fireworks fish）"的名字。这当然比它们的另外一个名字"鸡鱼（Chicken fish）"好听，可能是因为它们看上去有点像多毛的小公鸡。但是这种鱼和它们的近缘类群最广为人知的名字是狮子鱼（Lionfish），鉴于它们的习性，可能这个名字才是最合适的。

左图：山区星珊瑚（Mountainous star coral）（拉丁学名：*Orbicella faveolata*）在晚上产卵。在夏末的几个晚上，这种珊瑚总是会来到加勒比海，产下数量惊人的卵，这些卵被精液黏在一起。没有人知道珊瑚是怎样确定什么时间产卵的。卵的数量非常多，掠食者只能吃掉其中很小的一部分，因此有更多的幼崽得以存活。

左页：一只加勒比礁鲨（Caribbean reef shark）（拉丁学名：*Carcharhinus Perezi*）掠过一丛茂密的柳珊瑚。

下图：红狮子鱼（Red lionfish）（拉丁学名：*Pterois volitans*）犹如一个杀手的形象。这种狮子鱼原产于印度和太平洋，但在20世纪90年代，水族馆无意或有意地将其引入了佛罗里达海岸。它们像野火般蔓延，现在从墨西哥湾到百慕大群岛，从巴拿马到巴西都遍布它们的身影。在它们的原产地，它们的猎物们都聪明、谨慎，然而大西洋中的鱼类天真而易受攻击，因此狮子鱼成为了超级掠食者，它们吃下大量的猎物，直到肚子撑不下了。它们快速生长，要比太平洋或印度洋中的同类大上一半。它们使得本地珊瑚礁鱼类的数量下降，这已经引起了人们的普遍关注，它们会永远地改变加勒比海。

　　它们看上去像这片礁石中的贵族，自信且近乎鲁莽地穿行在圆筒海绵（Barrel sponge）和海底扇之中。它们似乎知道没有什么会来打扰它们，因为它们已经成了这里最危险的鱼类。这个场景中更令人吃惊的是，这些鱼其实是外来者，它们在2008年才来到这里，像黑社会一样接管了这里。

　　红狮子鱼（Red lionfish）或叫长须狮子鱼（拉丁学名：*Pterois volitans*）（这个拉丁学名的意思是盘旋或飞翔），来自印度洋和太平洋。它们是在1992年在佛罗里达沿岸的加勒比海域被第一次发现的，毫无疑问其是被一个水族馆工作人员善意地放生到大海中的，但是他可能是被误导了。现在，这种狮子鱼已经成为最具毁灭性的外来入侵物种，这是科学家们对海洋世界中制造麻烦的非原生物种的称呼。在它们原来的栖息地，它们羞涩且并不常见，也很少能长到25厘米长。但是在加勒比海，它们像被注入了激素一般，像暴徒一样在珊瑚礁中大摇大摆，贪婪地猎食着那些不知道如何和它们共处的原生鱼类，长到了甚至原来的两倍大小。

左页：一只多毛刀海龙（Hairy pipehorse）（拉丁学名：*Acentronura dendritica*），这种生物被认为是海龙（Pipefish）到海马（Seahorse）之间的过渡。雄性会照看幼崽，但是雌性并不是将卵产在密闭的育婴囊中，而是产在外面。这种刀海龙在热带海域到加拿大海域都有发现。

下图：八带笛鲷（Schoolmaster snapper）（拉丁学名：*Lutjanus apodus*）是加勒比海域最常见的一种掠食性鱼类。有时候它们会形成巨大的鱼群在白天休息，而到晚上则散开去觅食。幼年八带笛鲷生活在红树林中，将自己隐藏在红树林茂密的根系中逃避捕食者，主要以小螃蟹和片脚类动物为食。随着它们渐渐长大，它们会游到珊瑚礁中，居住在那儿，食物也会更多地转变为鱼类。

狮子鱼并不是唯一改变这里的生物。在平静的绿松石一般的海面之下，加勒比海云谲波诡。在这里还有一种可能的入侵者，但是我们看到的只是它们造成的影响，它们是在1982年通过巴拿马运河来到这里的。它们偷偷搭载在从太平洋来的船只的压舱水中。这种小虫带来了一种疾病，像燎原的野火般迅速传播，导致加勒比海地区99%的刺海胆（Needle-spined sea urchin）死亡。这些食草动物的死亡很快导致了海藻的大量生长，珊瑚开始无法呼吸，尤其是在那些因为人类过度捕捞而使鹦嘴鱼资源枯竭的地方。在同一个10年，在那个区域，还有另外两种疾病爆发，最终导致了两种最重要的造礁珊瑚——麋角珊瑚和鹿角珊瑚（Elkhorn and Staghorn coral）的灾难性损失。这两种珊瑚现在都被列在《濒危野生动植物种国际贸易公约》的《濒危物种名录》上。这几种疾病中，其中一种后来被确认为是一种人类的肠道细菌引发的，毫无疑问它是经由污水排放带到海洋中的。

上图：因为珊瑚礁上有太多的掠食者，这里的生物会想尽各种办法来保护它们的幼崽。上图是一只雄性黄头颚鱼（Yellow-headed jawfish）（拉丁学名：*Opistognathus aurifrons*），它衔着一团鱼卵，给它们提供氧气，在嘴中孵化幼鱼。它栖息在洞穴底部自己挖出的坑道中，夜晚，它将坑道封闭以确保安全。

右图：一群泰庞海鲢（Tarpon）（拉丁学名：*Megalops atlanticus*）正在捕食银汉鱼（Silverside）（拉丁学名：*Atherinidae*）。泰庞海鲢可以长到两米多长，巨大且突出的眼珠和镜子般的巨型鳞片，每片能有一个苹果大小，这些看上去都好像在远古时代就存在似的。然而，令人惊讶的是，它们很可能是温带海域常见的身材小得多的鲱鱼的亲戚。

左图：海底扇中，一只没有人类手指大的钻石软梳鳚（Diamond blenny）（拉丁学名：*Malacoctenus boehlkei*）。这种鱼栖息在菊花海葵（Giant sea anemone）（拉丁学名：*Condylactis gigantea*）的触手之间。在加勒比海是没有原生的小丑鱼的，但是这种鱼与几种它们的近亲也会和小丑鱼一样用同样的把戏逃避掠食者，它们能毫发无伤地悠游在海葵带刺的触手之前，而这对其他生物而言可能是致命的。

上图：一个黄色管海绵中一只聚光灯鰕虎鱼（Spotlight goby）（拉丁学名：*Elacatinus louisae*）从它的家里往外窥视。在加勒比海，有20多种和这种鱼相似的霓虹灯鰕虎鱼（Neon gobby），它们居住在海绵中或是活的珊瑚头部。个别物种因地理分布范围不同，颜色、花纹略有不同，使它们很难被区分。有些种类起的作用和印度洋、太平洋的裂唇鱼（Cleaner wrasse）（拉丁学名：*Labroides dimidiatus*）一样，会清理大鱼身上的寄生虫和死皮。而其他一些，就像这一种，是以生活在海绵中的蠕虫为食的。

右页：开曼群岛的珊瑚礁中一只褐带棘胎鳚（Secretary blenny）（拉丁学名：*Acanthemblemaria maria*）正从一个小洞穴中往外窥视。这种很小的鱼能灵巧地出入一些软体动物、海绵和蠕虫钻出的洞眼中，并且终其一生都在其中生活。它们会瞬间蹿出抓住经过的浮游生物，或是咬住生活在礁石上毛茸茸的海藻中的微小甲壳类动物。

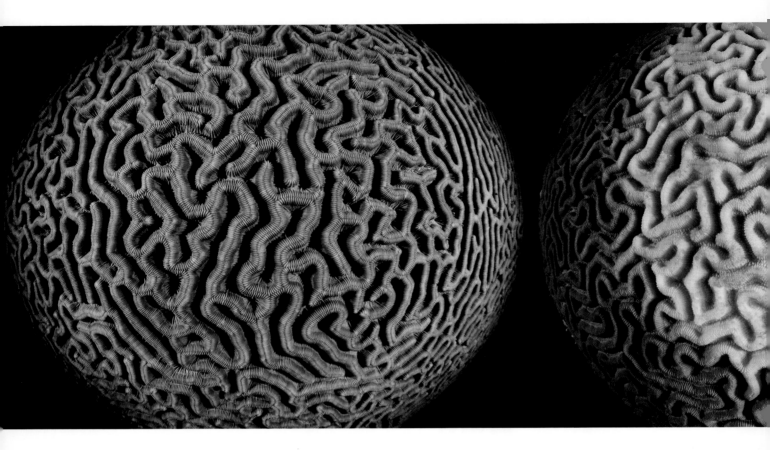

其他的疾病爆发也波及了海底扇和另外一种重要的造礁珊瑚——山区星珊瑚（Mountainous star coral）。几十年中，加勒比海失去了4/5的石珊瑚，剩下的看上去也更像海藻覆盖的礁石而非珊瑚礁。在面对现实的压力时，为什么这个区域如此脆弱？答案要追溯到350万年前，当北美大陆和南美大陆猛烈碰撞的时候，巴拿马地峡被封闭。不久之后，至少在地质时期，更新世冰河期，由于栖息地面积减少以及气候变幻莫测，加勒比海地区的生物开始灭绝。今天，加勒比海域有61种珊瑚，其中8%在印度洋和太平洋也有发现。但这其中只有4~5种能被称为造礁珊瑚，而其他的珊瑚在造礁中的作用微乎其微。

上图：上图这3种脑珊瑚（Brain coral）（拉丁学名：*Colpophyllia natans*）能说明今天的珊瑚面临两个最大的困境。左边这张图展示的是一个健康的群落。它温暖的曲奇色是由其上一种生活在珊瑚组织中叫作黄藻（Zooxanthellae）的微型藻类形成的。珊瑚和这种植物的关系是互惠互利的：珊瑚能从这种植物上获取食物和部分氧气，而这种植物能从珊瑚上获得营养物质、二氧化碳和保护。中间这张图展示的是一个生病

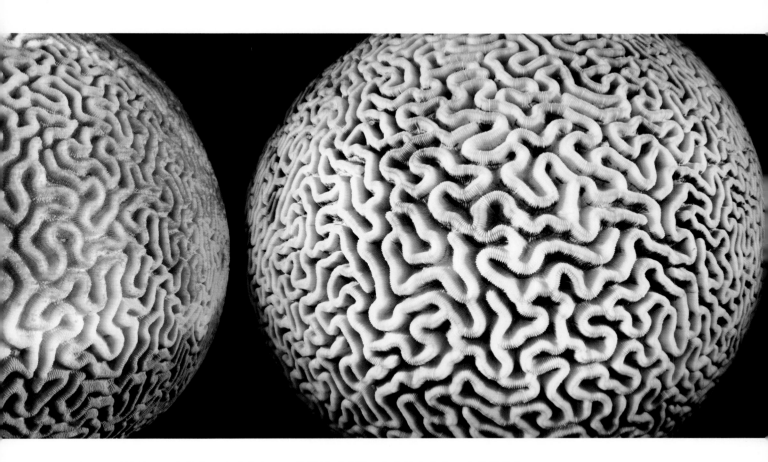

的脑珊瑚，很可能是得了白带病，这种病出现于20世纪80年代。这张图中的珊瑚的左边和底部还是健康的，但是带状白色显示疾病已经波及整个群落，部分珊瑚已经死亡，裸露的骨骼被绿藻占据。几周后，整个珊瑚可能就会死亡。现在，严重的疾病折磨着加勒比海所有主要的造礁珊瑚，那里未来是否还会有珊瑚令人堪忧。右边的图片展示的是一个已经白化的珊瑚群落。当珊瑚和黄藻的关系破裂，白化就会发生；当珊瑚处在压力中，受益就会转化为消耗。珊瑚也会驱逐或是杀死植物，徒留白色骨骼上一层透明的组织。白化最常见的原因是水温过高，这也是这里珊瑚白化可能的原因。这个珊瑚还没有死去，但是如果一直这样一个月或是两个月，它就会死掉，因为白化的珊瑚正在挨饿。如果这种压力很快能被释放，珊瑚就会重获新的植物而恢复过来。

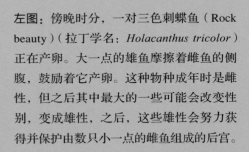

左图：傍晚时分，一对三色刺蝶鱼（Rock beauty）（拉丁学名：*Holacanthus tricolor*）正在产卵。大一点的雄鱼摩擦着雌鱼的侧腹，鼓励着它产卵。这种物种成年时是雌性，但之后其中最大的一些可能会改变性别，变成雄性，之后，这些雄性会努力获得并保护由数只小一点的雌鱼组成的后宫。

下页：大巴哈马岛，一只加勒比礁鲨（Caribbean reef shark）（拉丁学名：*Carcharhinus perezi*）冲入一群黄鳍鲷鱼（Yellowtail snapper）（拉丁学名：*Ocyurus chrysurus*）之中。捕捞业繁盛之时，礁鲨是最早一批数量减少的鲨鱼，在加勒比海地区，已经很少有地方能看到健康的鲨鱼种群了。但是，在巴哈马群岛仍然有一些，因为巴哈马国正领导一场运动，宣布他们国家的海域为鲨鱼禁猎区。其他一些岛屿，如博内尔岛的周围，也开始设立鲨鱼禁猎区，这使我们看到了鲨鱼种群恢复的希望。

右页：一只正在觅食的女王凤凰螺（Queen conch）（拉丁学名：*Strombus gigas*），其食物是海藻或者海草叶片。这种动物从史前开始就被开发利用，人类一直在捕捞它们。因为它们的生活区域局限在浅水区，所以潜水员们很容易找到它们，目前它们的数量已经急剧减少。女王凤凰螺是第一批受到保护的海洋软体动物以及主要的商业捕捞物种，1992年已经列入《濒危野生动植物种国际贸易公约》的《濒危物种名录》。改进的渔业管理措施为其未来提供了保障。

加勒比海地区珊瑚礁的相对贫乏，使得这里相比物种丰富的西太平洋和印度洋地区更易遭受物种的损失，而且濒临灭绝的物种很可能比新生的物种还要多。多样性程度低（这里我们是相对而言，因为加勒比海地区的物种比寒冷海域的物种还是要丰富得多）意味着失去某种在生态系统中起重要作用的动物或植物的概率就高，比如造礁珊瑚。这也暗示着外来生物在这里有更多机会能站稳脚跟并扩张势力。前面提到的疾病和红狮子鱼只是最早来到这里的新势力，随着全球化的发展，来自四面八方的物种如洪水般涌入这里。这片小小的海域已经成了一个熔炉，在这里新老秩序混合在一起，还加入了新的元素。我们只能猜测什么样的改变即将到来，但是，更有可能的是，在未来30年，加勒比海地区将经历比以往更多的改变。

下图：大开曼群岛北壁的一大丛鹿角珊瑚（Staghorn coral）（拉丁学名：*Acropora cervicornis*）。20世纪80年代以前，像这种统治浅礁地区的珊瑚遍布加勒比海。然而，在20世纪80年代，一种极其致命的疾病使这里的珊瑚几乎完全消失。鹿角珊瑚现在已是极度濒危。矛头指向了人类，因为最近已经证实这种疾病是由一种人类肠道的细菌造成的，很可能是随着污水一起排放到大海中的。

左页：这只掠食性鱼类的嘴中长满向后生长的尖刺，这是加勒比拿骚石斑鱼（Caribbean nassau grouper）（拉丁学名：*Epinephelus striatus*），这种尖刺能确保它捕捉到猎物后，猎物就无法逃脱。

上图：黄昏时分，一对紫青低纹鮨（Indigo hamlet）（拉丁学名：*Hypoplectrus indigo*）正在产卵。在脊椎动物中，低纹鮨是少有的几种雌雄同体的物种。图中，前面的这只鱼扮演的是雌性的角色，但是这对鱼在这个夜晚会产卵数次，它们会交替性别产卵。

在今天，加勒比海已经告别了过去20万年来的平静，遭受了严重的破坏。然而，这里的变化可能是其他地方即将到来的变化的先兆。全球变暖、海平面上升、海洋酸化、渔业发展、污染以及全球化这些因素综合起来，意味着没有什么可以被视为理所当然。改变是新世界的试金石，而且这些改变在未来几个世纪必将到来。但是，我们可以努力调整，改变并不意味着一定就是灾难。加勒比海地区，无论是在海面之上，还是大海之中，仍然生机勃勃，如果我们伸出援手，这里的美好一定会继续下去。每一个好医生都会给病人建议，在对抗病魔时要减少压力，健康饮食，提高免疫力，适当锻炼。同样，相同的建议也适用于海洋，以使它们能度过这个艰难时刻。但是，减压的建议是针对人类的，少捕一些鱼，使用破坏性小的方法，少一些浪费，少一些污染，多一些保护。我们不能再认为海洋会照顾我们，今天，海洋需要我们的帮助。

右图：一只小小的箭头鳚鱼（Arrow blenny）（拉丁学名：*Lucayablennius zingaro*）打了个哈欠，它徘徊在珊瑚礁上，翘起尾巴，流线型的身体正准备冲向前方捕捉猎物。

沙漠海洋

从太空看向地球，世界上最年轻和面积最小的海洋是一条狭长的蓝色斜线，被非洲和阿拉伯半岛的锗色沙漠环绕着。来到红海岸边，你可以看到海面之下丰富的生命和海岸边的沙漠形成了鲜明的对比，有种不真实的感觉。辽阔的大地，炎热干旱、寸草不生。从近处看，红海边缘尘土飞扬的悬崖峭壁，其实是创造这片海洋的珊瑚礁的化石，随着地质巨变抬升，它们在生长的地方石化。然而，海面之下，大块的色彩着色在绿色、褐色的画布上，使这里的海洋看上去像千变万化的印象派画作。戴上潜水面罩潜入水中，你可以看到这些流动的色彩就变成了鱼儿，斑驳的画布变成了珊瑚和海藻的画卷。

左图：生机勃勃和近乎荒芜，没有什么能比红海之中的珊瑚礁和红海之滨的沙漠之间的对比更鲜明的了。海面之下，生命在每一个角落流光溢彩。然而，海面之上，几乎完全没有水的存在，沙漠中岩石裸露，寸草不生，呈现出迥然不同的美景。

下图：聚集在一起产卵的一群白斑笛鲷（Bohar snapper）（拉丁学名：*Lutjanus bohar*），其中一只产卵的瞬间。图中的一团白色是精子和卵子的混合物。这些鱼是在太平洋帕劳岛附近被拍到的。在红海人们从来没有看见过白斑笛鲷产卵。

右页：埃及西奈半岛最南部，穆罕默德岬角，聚集在一起产卵的白斑笛鲷汇聚成一面铜墙铁壁。这种鲷鱼喜欢成千上万只一起聚集在珊瑚礁海岬产卵。强大的水流很快会将这些卵带到远离海岸的地方，使它们能避开珊瑚礁一侧无数饥饿的掠食者的争夺。

这两个平行的世界之间的差异在于水。沙漠极其缺水，而海洋有着取之不绝的水，因而生命在海洋中欣欣向荣，而在沙漠中却几乎不存在。水下涌动的生命脉搏，千变万化的物种拥挤喧闹，这些都和红海之滨的世界形成了极为鲜明的对比。然而，这里有一个谜团。红海蔚蓝的海水格外清澈，红海北部或在亚喀巴湾的每一处都有很多珊瑚礁台地，在这些台地的边缘是突然下降的蓝色深渊。清澈的海水和陡峭的绝壁谱写出恐惧和战栗。透明的海水则说明水中没有杂质，也意味着这里的海水中营养物质和微生物很少。这有悖于查尔斯·达尔文（Charles Darwin）的理论，珊瑚礁如何能在营养物质稀少的热带海洋沙漠中维系如此之多的生命？

左图：一群舟鰤（Pilotfish）（拉丁学名：*Naucrates ductor*）列队游在一只远洋白鳍鲨（Oceanic whitetip shark）（拉丁学名：*Carcharhinus longimanus*）周围，远洋船上的水手对这样的场景一度非常熟悉，几乎每天都能看到。但是，后来由于渔民们开始在外海用有几千个钩子的长线钓金枪鱼（Tuna）、剑鱼（Swordfish）和旗鱼（Marlin），鲨鱼的数量锐减。一开始，渔民们并不喜欢钓到鲨鱼，因为鲨鱼不值钱。然而今天，鱼翅汤使得鲨鱼翅价值不菲，尤其是这种鲨鱼的大鳍，在亚洲市场上能卖到很高的价格。

人们用了150年时间才找到答案，原来珊瑚礁能够通过它复杂的生命网络，撷取和维系营养物质。被吸引来造访珊瑚礁的第一批游客就是环绕珊瑚礁的一群群小鱼。在珊瑚礁面向大海一侧的边缘，这些微小的浮游生物觅食者非常非常多，如幻象中的暴风雪。它们形成了一面撷取和浓缩外海中稀少的营养物质的"嘴墙"。硬珊瑚、海绵、海底软珊瑚，还有其他几十种覆盖在珊瑚礁上滤食的无脊椎动物，它们会从其他的生物那里吸入更多的微生物和食物微粒。珊瑚礁周围有很多食草性动物、掠食性动物以及食腐动物，营养物质在它们之间迅速传导。掠食性鱼类的粪便很少有能落入海底的，一经排出就被其他几十种生物当成富有营养的吃食一抢而空。鱼的粪便也是有等级区分的。有些掠食者都来不及挤出一坨粪便，一群等着的其他鱼类就一哄而上开始争夺。食草性动物的粪便排在食腐动物之前，而食腐类动物的粪便会留给海参类和蠕虫类。

左页：穆罕默德岬角，大量白斑笛鲷（Bohar snapper）（拉丁学名：*Lutjanus bohar*）漂在礁石之上，等待着……一旦时机来临，它们会疯狂地扭动着身体，一起产卵。它们将卵产得尽可能远离珊瑚礁，以躲开它们害怕的掠食者。然而鲨鱼经常能抢占先机，美美地饱餐一顿这些鲷鱼。

上图：一群南阳银汉鱼（Hardyhead silverside）（拉丁学名：*Atherinomorus lacunosus*）将普普通通的防波堤变成了闪亮银叶覆盖的魔法森林。

左图：一只花斑纹的玳瑁（Hawksbill turtle）（拉丁学名：*Eretmochelys mbricata*）抓着一只软珊瑚。玳瑁吃的动物都是大部分生物避之唯恐不及的，因而玳瑁体内有使掠食者望而却步的毒素。海员们也不喜欢它们的肉，因为积聚了很多毒素，味道很不好，然而它们的"龟壳"却很值钱，这导致它们数以百万计地被屠杀。今天，所有的海龟都濒临灭绝，但是大部分种类，包括玳瑁，都在人类的保护之下数量有所回升。

上图：一株软珊瑚上，一只只带刺蜘蛛蟹（Spiny spider crab）（拉丁学名：*Achaeus spinosus*）滑稽地抓挠着自己的头部，可能是想知道几厘米外的这台摄影机是怎么做的。

掠食性动物主宰着珊瑚礁上生活的方方面面。一只鱼稍不注意，死神就会降临。对于一只螃蟹、蠕虫或蜗牛，永恒不变的追求永远只有两件事：怎样活得更好，怎样避免死亡。在珊瑚礁中，掠食者永远比它们的猎物要少的观念被颠覆。在从未有过人类捕捞活动的珊瑚礁中，按质量计算，掠食者的质量远远大于它们猎物的质量。海鳗潜伏在洞穴中，成群的石斑鱼聚集在暗礁之下，鲷鱼在浅滩懒洋洋地打着盹儿，而在外海的黑暗中，是一群群闪耀着金属光泽的猎手，比如鲹鱼、金枪鱼和梭鱼。这种常理的反转也是可能的，因为那里的猎物都比较小，而且生命短暂，不过它们的种群数量的增长比它们的掠食者要快得多。猎物和掠食者就像钟表里咬合在一起的齿轮，它们的转速不同。这和在陆地上不一样，陆地上冷血的掠食动物的新陈代谢比巨型掠食性哺乳动物要慢得多，因而它们维持生命所需的能量就更少，两餐之间间隔的时间也更长。

右图：一只巨大的拿破仑隆头鱼（Napoleon wrasse）（拉丁学名：*Cheilinus undulatus*）摆出一副面对危险的架势，但并不是亚利克斯惹恼了它，惹恼它的是正好在亚利克斯身后的另一只雄性隆头鱼。

上图：埃及，富丽浅滩，巨大的瘤形滨珊瑚（拉丁学名：*Porites nodifera*）种群占领着这里的珊瑚礁头。几种其他种类的珊瑚，只有在这种大型珊瑚死去的地方才有一席之地，继而蓬勃生长，将瘤形滨珊瑚挤到一边。珊瑚之间争夺地盘是通过互相蜇咬或是使用一种从胃腔中伸出的细丝武器。有些珊瑚进攻或防御的能力更强，这也形成了珊瑚中的竞争等级。

右图：一只六线豆娘鱼（Scissortail sergeant major damselfish）（拉丁学名：*Abudefduf sexfasciatus*）在苏伊士运河河口的埃及古博尔岛的落日余晖中寻找着它夜间栖息的地方，这是最后一批在白天活动的鱼类。很快，在夜间活动的鱼类就会从缝隙、洞穴中倾巢而出，四散去觅食。这里是红海珊瑚礁朝向外海的边缘地带，很快珊瑚礁就会消失在外海的深水中，那儿有着丰富的生命。

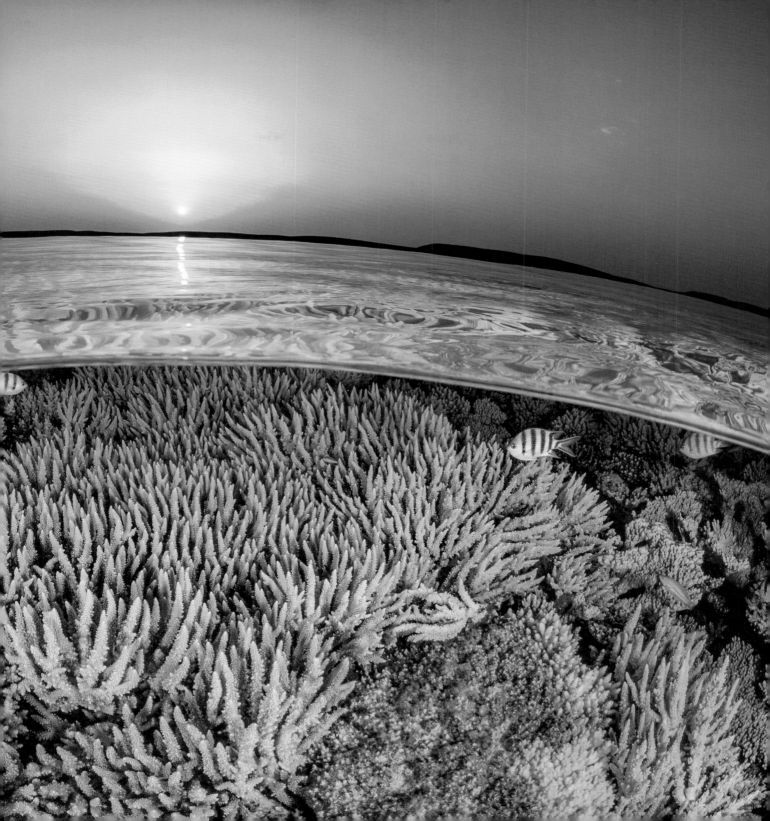

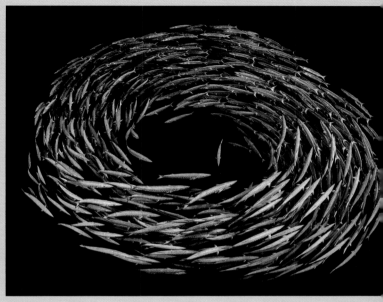

左图：一群鱼儿游弋在红海珊瑚礁之上。

上图：埃及穆罕默德岬角的鲨鱼礁，一群黑鳍舒（Blackfin barracuda）（拉丁学名：*Sphyraena qenie*）正绕着圈游。最早带着水肺的潜水者们很害怕这种鱼，主要是因为它们掠食性的外表而不是它们的性情。已知很少有这种鱼攻击人类的事件，它们对人类而言是无害的。

世界上最可怕的掠食者既不是鲨鱼、也不是石鱼（Stonefish），而是我们人类。在遍布全球的广阔海洋中，人类已经成为了占统治地位的掠食者，过度捕捞改变了珊瑚礁的面貌。大型掠食性鱼类损失惨重，这是由于它们生长缓慢，对人类而言价值很高，还有它们大胆的习惯。由于大量捕捞，它们的数量迅速减少，只剩下一些身躯较小、生长迅速、繁殖能力强的生物。通过大型掠食者的数量，你能判断出一片珊瑚礁周围是否被捕捞过。如果有大量鲨鱼和石斑鱼，意味着这里几乎没有被人类捕捞过，但是如果很少有比人的手掌大的鱼，这意味着这里曾进行过大规模的捕捞。

左图：珊瑚和藻类用石灰岩建造了珊瑚礁，石灰岩在水中慢慢溶解又形成了洞穴。埃及圣约翰礁的这种珊瑚礁洞穴很可能是在最后一次冰河时期，当海平面下降100米或者更多的时候，被淡水冲刷而形成的。

右图：一只雄性丝鳍拟花鮨（Scalefin anthias）（拉丁学名：*Pseudanthias squamipinnis*）。一些雄性丝鳍拟花鮨会控制它的雌鱼后宫，而其他一些鱼会成群地生活在一起。夜半时分，雄鱼会和雌鱼一起跳舞，引诱雌鱼产卵。但是它们必须动作迅速，因为那些没有雌鱼后宫的雄鱼会突然冲进来，也在雌鱼产的卵中射出精子，这样就不知道小鱼究竟是谁的后代了。

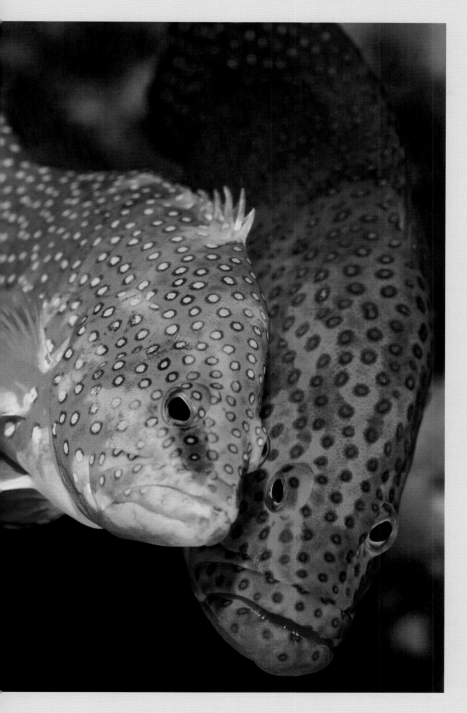

左页：一只雄性双线尖唇鱼（Bandcheek wrasse）（拉丁学名：*Oxycheilinus digrammus*）正在观察摄像机镜头中映出的自己。这种鱼的雄性特别好战，它一再对卡勒姆的面具中反照出的自己发起攻击，完全无视卡勒姆想把它赶走。

左图：一只秀气的雌性青星九棘鲈（Coral grouper）（拉丁学名：*Cephalopholis miniata*），顺从地依偎在一只颜色较深的雄鱼身旁。这只雄鱼护卫着它的雌鱼后宫，频繁地与它们交配。

对于物产丰富的海洋，如果你能给她机会，大自然是宽容的。海洋公园的建立、禁止捕捞法令的实施，使海洋生命很快得以复苏。通过严格执行、强制实施，10年间海洋掠食性动物的数量激增，已经增长了5倍或更多。但是，海洋仍然需要50年的时间才能恢复成和从未被捕捞时一样。埃及红海的珊瑚礁就在被保护的最前列。埃及从1983年开始从西奈半岛最南端的穆罕默德岬角开始，陆续建立了一系列覆盖数百千米海岸线的海洋公园。今天这些水域已经成为鱼类的避难所，大量产卵的鲷鱼和皇帝鱼（Emperor fish）聚集在这里，还有成群的鹦嘴鱼、梭鱼和鲹鱼，以及花斑纹的海龟和优雅的鲨鱼。保护行动使得红海成为世界上欣赏珊瑚礁最好的去处，在这里，你能感受到它们的盎然生机和恢宏壮丽。

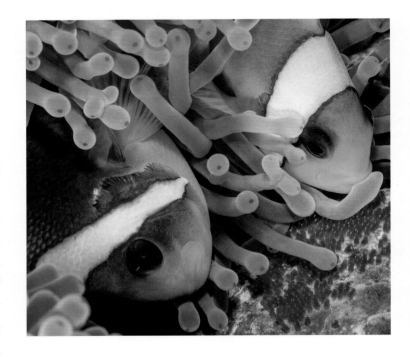

上图：红海小丑鱼穿梭在华丽双辐海葵（Magnificent sea anemone）（拉丁学名：*Heteractis magnifica*）的触手之中，左边的那只稍大的雌鱼正在产卵。它用海葵的黏液包裹住这些卵，以免它们被蜇到。小丑鱼的黏液外衣比其他鱼类都要厚，这样可以使它们不被海葵蜇到。它们也会在海葵上蹭海葵的黏液，使海葵误以为它们是自己的一部分，而不是食物或敌人，从而不会蜇它们。

左图：长吻鹦哥鱼（Longnose parrotfish）（拉丁学名：*Hipposcarus harid*）下午晚些时候有目的地游弋在珊瑚礁周围。很多珊瑚礁鱼类每天都会游到传统的约会地点，一般都是在水下的海岬附近，它们在那里疯狂的激流中产卵，使它们的卵远离珊瑚礁。一路上有更多的鱼群加入它们，形成更大规模的鱼群。狂欢之后，它们又分散开来，跟着各自的鱼群返回。

上图：急降，一只雄性鲁氏锦鱼（Klunzinger's wrasse）（拉丁学名：*Thalassoma klunzingeri*）在珊瑚礁和外海交界处骤然坠落。

失而复得

　　海豹是一种野生动物，波涛汹涌的海岸、荒凉的岩石和陡峭的绝壁，无人居住的小岛，以及深深的洞穴和遥远的冰层上，都有它们的踪迹。它们时隐时现，时而在遥远的浅滩晒太阳，时而在远离海岸的巨藻中翻腾，惊鸿一瞥。在过去的几个世纪中，海豹难以捉摸的习性使得它们被神化。苏格兰人的海豹仙子以及法罗人的民间传说都是以水中的海豹为原型的，它们会脱掉自己的皮，来到陆地，变成人类（一般注定会和人类成就一段爱情故事）。海豹有很多神奇的特性，罗马人就认为地中海僧海豹（Mediterranean monk seal）的皮肤可以抵挡雷电和冰雹。在今天，认为海豹遥远而不可接近的观点正在逐渐改变，因为我们正在改变，海豹也是如此。

左图：科斯特海拉巴斯附近的一只加州海狮（California sealion）（拉丁学名：*Zalophus californianus*）。19世纪旧金山的鸦片窟中，需要大量这种海狮的坚硬胡须来清理鸦片烟管。

海豹和海狮是在大约2 000万年前由熊和狗的近缘类群进化而来的。和鲸鱼、海豚不同，它们并没有完全适应海洋，它们必须离开大海去繁殖和哺育幼崽。水面之下，它们优雅、轻盈，跳跃、翻转，互相嬉戏。然而在陆地上，由于重力作用，它们沉重、笨拙，在沙滩、岩石上就像一只肥胖的毛毛虫一样匍匐前行。进化在陆地和海洋之间妥协，海豹和海狮的缺陷使得它们在岸上很容易被掠食者攻击，这也是它们大部分幼崽都生在荒芜的地方的原因。

右图： 雄性斯特勒海狮（Steller sealion）（拉丁学名：*Eumetopias jubatus*）身材魁梧、肌肉发达，而且胆子很大。尽管从这张图上很难看出来，这只在温哥华岛瑞斯礁和亚历克斯擦身而过的海狮有将近3米长。

右页： "这是最好的角度。" 一只灰海豹（Grey seal）（拉丁学名：*Halichoerus grypus*）摆出了绝佳的拍摄姿势。它在一艘锈蚀的沉船附近，鼻子被染成了橘色。

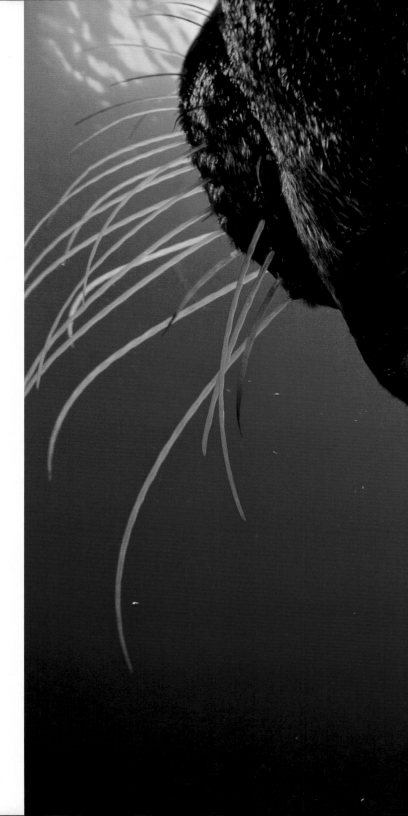

到目前为止，海豹面对的最危险的敌人是人类。这也不足为奇，人类猎杀海豹已经有数万年的历史了，因为这种动物非常有用：它们的皮毛能够防水、保暖，还能制作渔网的浮漂和坚固的绳子（用海豹皮捻成的），它们的肉可以入药、可以食用，油可以点灯，它们还有值钱的牙齿。地中海沿岸的科斯奎洞穴里曾经没有水，但是今天这里有一半是没入水中的，这里有19 000年前人类用矛猎杀地中海僧海豹（Mediterranean monk seal）的岩画。在法国多尔多涅省蒙特高迪洞穴中发现的距今17 000~10 000年的驯鹿角碎片上也刻有雄性和雌性灰海豹（Grey seal）。海豹的细节描绘得非常完美，它们正在用典型的肚子朝上的泳姿追逐一条鲑鱼（Salmon），这说明那时候的艺术家就已经很了解海豹了。

右图：贝类是不太合适的食物，这只掉了牙的老灰海豹（Grey seal）（拉丁学名：*Halichoerus grypus*）证明了这一点。

左页和左图：一只年轻的加州海狮（California sealion）（拉丁学名：*Zalophus californianus*）正在玩一只海星。海狮幼崽会捡起各种各样的东西，比如海星、珊瑚块、贝壳、甚至羽毛，然后把这些带上海面，再丢下去，然后追着玩儿。

　　在过去的几个世纪里，人类猎手将海豹驱逐到了我们世界的边缘。地中海僧海豹是今天最为濒危的动物之一，但是它们也是人类最易推脱责任的，因为这种海豹都是在人类难以靠近的洞穴深处产崽。然而也并非总是如此。古代文献从荷马的《奥德赛》开始就有记载这种海豹在古代数量非常多，而且都是在开放的海滩上繁殖交配。然而，人类的捕杀活动使它们的数量开始减少。到了公元301年，戴克里先（Diocletian，古罗马皇帝）时期一份记录商品和服务价格的文献显示，一副僧海豹的毛皮价值1 500迪纳里（Denarii，古罗马钱币），比狮子和豹子的皮毛都值钱，是一头熊的价格的15倍。由此可见，在那个年代，僧海豹的皮毛珍贵、稀有。有关海豹出没的地域也随着时代的变迁而变化，因为对开阔海岸的殖民，海豹被捕杀直至销声匿迹。中世纪的探险家们后来又在非洲沿海发现了新的成千上万动物聚集的地方——加那利群岛和马德拉群岛，然而那里的动物很快因为人类的过度捕猎而纷纷逃离。

右图：年幼的加州海狮（California sealion）（拉丁学名：*Ialophus californianus*）在清晨的阳光下嬉戏。

左页：18世纪和19世纪，人类因为毛皮海豹（Fur seal）的皮毛，大量屠杀毛皮海豹，因为北象海豹（Northern elephant seal）脂肪丰富的身体，大量屠杀北象海豹，而海狮（Sea lion）因为它们枯瘦的身体和质地不佳的毛皮而逃过一劫。即使这样，大部分海豹和海狮仍主要在遥远的海滩或岛屿上哺育幼崽，那里远离人类和其他掠食者。然而，今天加州海狮（California sealion）（拉丁学名：*Zalophus californianus*）似乎更喜欢人类经常光顾的地方，它们经常出现在港口、码头，或吵闹、有难闻气味的地方。

左图：南澳大利亚，袋鼠岛上一只澳洲海狮（Australian sealion）（拉丁学名：*Neophoca cinerea*）正在晒太阳。所有的海狮都有巨大的鳍状前肢，它们可以像拍动翅膀一样摆动它们的鳍状肢，在水下前进。

18世纪和19世纪，随着海员们到更远的地方探险以及商品的工业化，人类对海豹的捕杀变本加厉。他们从遥远的殖民地，太平洋上的岛屿，如胡安·费尔南德斯岛、亚南极岛屿和南乔治亚岛，带回数以百万计的毛皮海豹（Fur seal）的皮毛。南设得兰群岛（英属南极地区群岛）上的海豹是在1819年发现的，之后短短3年内，成千上万的海豹就被捕杀殆尽。到了19世纪中叶，捕鲸船上的人们在找不到鲸鱼的时候，就转而追捕从南大洋到北太平洋途中的巨大象海豹（Elephant seal）。一座座岛屿、一个个海滩，海豹的种群数量锐减。甚至到了20世纪，南乔治亚岛上的南象海豹（Southern elephant seal）仍然和鲸鱼一样被捕杀，被制成欧洲人和美洲人餐桌上的人造奶油。

右图：一只健壮的雄性加州海狮（California sealion）（拉丁学名：*Zalophus californianus*）正冲散一群小鱼。很容易看出它的大脑与上面蓬松的鬃毛和光滑优雅地雌性海狮很不一样，这也是称其为海中的"狮子"的原因。

不受控制的捕猎造成了灾难性的损失，目前，加勒比僧海豹（Caribbean monk seal）已经灭绝，还有其他很多物种濒临灭绝。20世纪以来，随着人类对海豹油脂和皮毛需求的减少，捕杀量已经减少，之后人类又采取了积极的保护措施。这些努力已经收获了惊人的红利。在20世纪早期，从加利福尼亚沿海到墨西哥，瓜达卢佩毛皮海豹（Guadelupe fur seal）已经减少至只有几十只了，然而到今天，它们的数量已经恢复到2万只左右。在1890年，北象海豹（Northern elephant seal）只剩下了几百只，然而今天，它们的数量已经超过20万只。胡安•费尔南德斯毛皮海豹（Juan Fernandez fur seal）很久以来都被认为已经灭绝，直到20世纪60年代，又有几百只被观测到，而到了2005年，数量已经超过3万只（尽管这与被捕杀前的几百万只相比还差很多）。在8种毛皮海豹中，只有加拉帕戈斯毛皮海豹（Galápagos fur seal）的数量仍然在减少，讽刺的是，这种海豹作为一种热带动物，皮毛质地并不好，因此从未被人类大规模捕杀过。今天，只有少数海豹还在被商业性捕杀，比如在加拿大人们捕杀新生的格陵兰海豹（Harp seal）以获取它们的白色皮毛就极具争议。

左页：海豹在水下的姿态轻盈优雅，这和它们在陆地上笨拙的步态形成了鲜明的对比。这只新西兰毛皮海豹（Zealand fur seal）（拉丁学名：*Arctocephalus forsteri*）以一个芭蕾舞的跳跃动作跃入水中。

下图：加利福尼亚海峡群岛的这处浅滩是加州海狮（California sealion）（拉丁学名：*Zalophus californianus*）幼崽的托儿所，它们在这里学习游泳技能。幼年海狮是虎鲸（Killer whale）（拉丁学名：*Orcinus orca*）的零嘴儿，大白鲨（Great white shark）（拉丁学名：*Carcharodon carcharias*）一口就能吃下去的晚餐，而这两种动物在这里很常见。海狮幼崽们必须快速学习。

左图：熟悉和隐藏的世界被海绵这层轻纱分割。一只灰海豹（Grey seal）（拉丁学名：*Halichoerus grypus*）正从水下世界浮出水面呼吸。

上图：这是一只喜欢吮吸手指的海豹吗？英格兰布里斯托海峡，伦迪岛，一只巨大强壮的雄性灰海豹在巨石中间睡觉时，正吮吸着一片巨藻的叶子。

失而复得　**233**

几十年保护措施的实施正在改变着动物的行为。动物对人类的恐惧感逐渐减弱，它们再次回到大陆海滩上交配繁殖，比如英国的灰海豹。海豹会突然跳起，在船只、皮划艇和冲浪者附近徘徊。幼年海豹与海狮会像小狗一样和潜水者一起玩耍，把脸凑近潜水者的面具和摄像机。海豹的数量正在恢复，有些地方的渔民已经开始抱怨，海豹们偷了他们的鱼。但实际上，真正的问题并不在于海豹，而是因为过度捕捞几乎耗尽了海豹和渔民们赖以生存的鱼类资源。海豹的回归说明野生动物在人类占主导地位的世界里依然可以茁壮成长。不过，我们要做的还有很多。我们需要在渔业捕捞和世界海洋保护之间找到恰当的平衡。

上图：一只港海豹（Harbour seal）（拉丁学名：*Phoca vitulina*）正在研究亚历克斯的腿。海豹和狗有很多共同点，也包括它们的乐趣。

右页：亚利克斯和一只友好的幼年灰海豹（Grey seal）（拉丁学名：*Halichoerus grypus*）的自拍照。

图书在版编目（ＣＩＰ）数据

　海底世界：大洋深处奇妙之旅 /（英）亚历克斯·
马斯塔德（Alex Mustard），（英）卡勒姆·罗伯茨
（Callum Roberts）著；张濯清译. -- 北京：人民邮电
出版社，2018.1（2018.11重印）
　ISBN 978-7-115-46781-2

　Ⅰ．①海… Ⅱ．①亚… ②卡… ③张… Ⅲ．①海洋—
普及读物 Ⅳ．①P7-49

　中国版本图书馆CIP数据核字(2017)第258559号

　　◆ 著　　　[英]亚历克斯·马斯塔德（Alex Mustard）
　　　　　　　　[英]卡勒姆·罗伯茨（Callum Roberts）
　　　译　　　张濯清
　　　责任编辑　王朝辉
　　　责任印制　陈　犇
　　◆ 人民邮电出版社出版发行　　北京市丰台区成寿寺路11号
　　　邮编　100164　　电子邮件　315@ptpress.com.cn
　　　网址　http://www.ptpress.com.cn
　　　天津图文方嘉印刷有限公司印刷
　　◆ 开本：889×1194　1/20
　　　印张：12　　　　　　　2018年1月第1版
　　　字数：333千字　　　　2018年11月天津第2次印刷
　　　著作权合同登记号　图字：01-2016-8286号

　　　　　　　　定价：78.00元
读者服务热线：(010)81055410　印装质量热线：(010)81055316
　　　　反盗版热线：(010)81055315
　广告经营许可证：京东工商广登字20170147号